U0559934

本书为中国特色高水平高职学校建设系列、2024年度基本科研业务费青年科研创新团队项目"绿色金融发展研究创新团队"（编号2024TD02）成果，得到浙江省省属高校基本科研业务费项目（编号2022ZD19）资金资助

金苑文库

社会互动与家庭金融资产配置问题研究

基于数智化时代背景

黄文妍 著

ZHEJIANG UNIVERSITY PRESS
浙江大学出版社
·杭州·

图书在版编目(CIP)数据

社会互动与家庭金融资产配置问题研究：基于数智

化时代背景 / 黄文妍著. -- 杭州：浙江大学出版社，

2025. 4. --ISBN 978-7-308-25235-5

Ⅰ. TS976.15

中国国家版本馆 CIP 数据核字第 2025JU8123 号

社会互动与家庭金融资产配置问题研究——基于数智化时代背景

黄文妍　著

责任编辑	蔡圆圆
责任校对	许艺涛
封面设计	周　灵
出版发行	浙江大学出版社
	（杭州市天目山路 148 号　邮政编码 310007）
	（网址：http://www.zjupress.com）
排　　版	杭州星云光电图文制作有限公司
印　　刷	浙江新华数码印务有限公司
开　　本	710mm×1000mm　1/16
印　　张	14.75
字　　数	219 千
版 印 次	2025 年 4 月第 1 版　2025 年 4 月第 1 次印刷
书　　号	ISBN 978-7-308-25235-5
定　　价	78.00 元

目　录

第一章　导　论 ……………………………………………… 1

　第一节　研究背景与意义 ………………………………… 1

　第二节　研究思路、内容与方法 ………………………… 15

　第三节　研究创新与不足 ………………………………… 20

　第四节　研究范围 ………………………………………… 22

　本章小结 …………………………………………………… 24

第二章　文献综述 ………………………………………… 26

　第一节　投资者非理性行为研究 ………………………… 26

　第二节　数智化理论背景 ………………………………… 32

　第三节　家庭金融相关文献综述 ………………………… 35

　第四节　社交网络与家庭金融资产配置 ………………… 47

　本章小结 …………………………………………………… 57

第三章　在线社会互动对家庭金融资产配置的影响分析 ……… 58

　第一节　理论分析 ………………………………………… 58

　第二节　变量选取与描述性统计 ………………………… 60

　第三节　在线社会互动与家庭风险金融市场参与 ……… 66

　第四节　在线社会互动与家庭风险金融资产占比 ……… 69

　第五节　稳健性检验 ……………………………………… 72

　本章小结 …………………………………………………… 80

第四章 在线社会互动对家庭金融资产配置的进一步分析 ⋯⋯ 81

第一节 用户与用户互动对家庭金融资产配置的理论分析 ⋯⋯ 81

第二节 用户与用户互动对家庭金融资产配置的实证检验 ⋯⋯ 86

第三节 用户与信息互动对家庭金融资产配置的理论分析 ⋯⋯ 98

第四节 用户与信息互动对家庭金融资产配置的实证检验 ⋯⋯ 100

第五节 用户与用户互动、用户与信息互动的进一步分析 ⋯⋯ 112

本章小结 ⋯⋯⋯⋯⋯⋯⋯⋯⋯⋯⋯⋯⋯⋯⋯⋯⋯⋯⋯⋯⋯ 119

第五章 在线社会互动影响家庭金融资产配置效应分析 ⋯⋯ 120

第一节 在线社会互动的内生互动效应——口碑效应分析 ⋯⋯ 121

第二节 在线社会互动的内生互动效应——社会规范分析 ⋯⋯ 130

第三节 在线社会互动的外生互动效应——情景效应分析 ⋯⋯ 139

本章小结 ⋯⋯⋯⋯⋯⋯⋯⋯⋯⋯⋯⋯⋯⋯⋯⋯⋯⋯⋯⋯⋯ 147

第六章 在线社会互动影响家庭金融资产配置的异质性分析

⋯⋯⋯⋯⋯⋯⋯⋯⋯⋯⋯⋯⋯⋯⋯⋯⋯⋯⋯⋯⋯⋯⋯⋯⋯⋯ 149

第一节 区位异质性分析 ⋯⋯⋯⋯⋯⋯⋯⋯⋯⋯⋯⋯⋯⋯⋯ 149

第二节 城乡异质性分析 ⋯⋯⋯⋯⋯⋯⋯⋯⋯⋯⋯⋯⋯⋯⋯ 159

第三节 教育水平异质性分析 ⋯⋯⋯⋯⋯⋯⋯⋯⋯⋯⋯⋯⋯ 168

第四节 收入水平异质性分析 ⋯⋯⋯⋯⋯⋯⋯⋯⋯⋯⋯⋯⋯ 177

本章小结 ⋯⋯⋯⋯⋯⋯⋯⋯⋯⋯⋯⋯⋯⋯⋯⋯⋯⋯⋯⋯⋯ 187

第七章 研究结论和政策建议 ⋯⋯⋯⋯⋯⋯⋯⋯⋯⋯⋯⋯ 189

第一节 研究结论 ⋯⋯⋯⋯⋯⋯⋯⋯⋯⋯⋯⋯⋯⋯⋯⋯⋯ 189

第二节 政策建议 ⋯⋯⋯⋯⋯⋯⋯⋯⋯⋯⋯⋯⋯⋯⋯⋯⋯ 195

本章小结 ⋯⋯⋯⋯⋯⋯⋯⋯⋯⋯⋯⋯⋯⋯⋯⋯⋯⋯⋯⋯⋯ 200

参考文献 ⋯⋯⋯⋯⋯⋯⋯⋯⋯⋯⋯⋯⋯⋯⋯⋯⋯⋯⋯⋯⋯ 202

第一章 导 论

"社会金融"探讨社会过程如何塑造个人的经济思维和行为(Kuchler & Stroebel,2021)。社交网络极大地影响了信息在人群中的传播,人们通过社交网络获得可靠的信息,而获得的信息能影响个人决策的准确性(Granovetter,2018)。已有研究发现,社交网络影响家庭的各种财务决策,如个人/家庭本地房地产投资(Bailey et al.,2016)、投资组合配置决策(Hvide & Östberg,2015)、退休储蓄决策(Beshears et al.,2015)、福利支出态度(Luttmer,2001)、员工股票购买决策(Ouimet & Tate,2020)、保险采用决策(Cai et al.,2015)和风险金融资产投资决策(Brown & Taylor,2010)。在数智化不断发展的时代背景下,本书将关注基于数字化互联网络的社会网络如何影响家庭风险金融资产配置决策。

第一节 研究背景与意义

一、研究背景

(一)互联网与人工智能飞速发展

近年来,随着人工智能、机器学习、机器人、云计算、大数据、物联网等新一代移动通信技术、虚拟现实、数字孪生等互联网新科技、新概念的诞生,人们的生活方式与沟通模式发生了巨大改变。新技术围绕"虚"与"实"、"人"与"机"、"时"与"空"不断拓展,新一代移动通信技术带来虚实交互的沟通模式,使数据远程沟通成为可能,人与机器实现交互共享,数字技术与人的智慧互联互通。①

中国互联网络信息中心(CNNIC)在北京发布的第 52 次《中国互联网络发展状况统计报告》(以下简称《报告》)显示,截至 2023 年 6 月,我国网民规模达到 10.79 亿人,较 2022 年 12 月增长 1109 万人,互联网普及率达到 76.4%,具体情况如图 1-1 所示。其中,我国城镇网民规模达 7.77 亿人,占全部网民的 72.1%;农村网民规模达 3.01 亿人,占全部网民的 27.9%。我国城镇地区互联网普及率为 85.1%,较 2022 年 12 月提升 2.0 个百分点;农村地区互联网普及率为 60.5%。可见,我国网民规模与互联网普及率均呈稳定上升态势,互联网发展态势平稳。

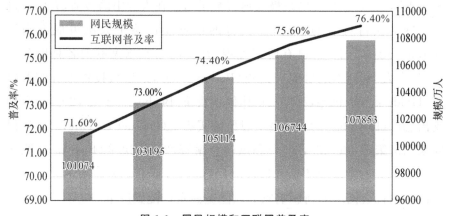

图 1-1　网民规模和互联网普及率

数据来源:中国互联网络发展状况统计报告。

互联网技术变革改变了人们信息交流与交互的模式,人们可以通过更广泛、更便捷、更开放的态度进行跨越时间与空间的交流和互动。数智化网络技术将孤立的个体紧密地联系起来,信息可以通过网络到达每个个体,促进信息的分享与传播。孙鲲鹏和肖星(2018)基于网络爬虫方法,搜集了 A 股股吧发帖数据。研究发现,投资者在社交媒体上的信息交流降低了股价同步性,这一作用随着新闻媒体报道数量的增加而增加。这

①来源:央广网,《解码未来:"数智"时代》,https://baijiahao.baidu.com/s?id=1772567766003176847&wfr=spider&for=pc。

说明互联网社交媒体可以作为投资者之间的交流工具,增进投资者对信息的理解与解读,提高资本市场定价效率。王建新和丁亚楠(2022)利用2008—2018年A股上市公司数据,检验以股吧为代表的互联网社交媒体影响经济政策不确定性从而影响资本市场定价效率的情况。研究认为,互联网社交媒体的应用有助于减少经济政策不确定性对资本市场的负面影响,可以提高股价信息含量,从而提高资本市场定价效率。互联网社交媒体对经济政策不确定性影响资本市场的调节作用在会计信息质量较低及机构投资者比例较低的企业中更加突出。

互联网在引导与促进上市公司和投资者等市场参与主体之间的信息交流与沟通中,起着重要作用。周易等(2023)运用爬虫技术收集定向增发公司的百度指数数据,从投资者关注视角出发,兼顾投资者理性与非理性,分析投资者关注对定向增发二级市场定价效率的影响。随着互联网的普及,更多的公司开通了门户网站,搭建了互联网平台,方便投资者获取信息。研究发现,投资者关注能够缓解信息不对称,提高定向增发二级市场内在价值定价效率。投资者关注能够影响投资者情绪,进而降低定向增发二级市场交易价值定价效率。

互联网同样有助于提升家庭风险金融市场参与度。周广肃和梁琪(2018)利用中国家庭追踪调查2010年和2014年的数据,考察互联网对家庭风险金融资产投资行为的影响。研究发现,互联网能积极提升家庭风险金融市场参与率。互联网使用主要通过降低交易成本、削弱有限参与机会限制及增强社会互动行为三个方面,降低市场摩擦,提升家庭风险金融资产投资概率。尽管互联网的使用及普及率在不断地提升,但居民家庭金融市场参与概率并没有很大幅度的增长。针对该问题,Fernández-López等(2018)通过调查欧洲14个国家34715户家庭的样本群体,发现在金融市场参与率高的国家,使用互联网的习惯会增加金融市场参与率,但其前提条件是,该国家原本的金融市场参与率就比较高。Bogan(2008)认为互联网可以降低金融市场的交易成本,并且能提升信息交互,减少市场摩擦,从而提升家庭金融市场参与率。通过使用为期十年的家庭参与金融市场的面板数据,研究发现,使用电脑/互联网的家庭,金融市场参与率大大高于不使用电脑的家庭。使用电脑/互联网相当于增加家庭收入2.7万美元,或提升家庭受教育年限两年以上。

然而,大量、过度的互联网信息在实际背景下可能产生大量"噪声"信息,进而加剧信息传播的不平衡性,导致出现股票异质性风险。根据徐寿福等(2022)的研究,随着互联网的普及和信息技术的发展,上市公司与投资者之间的信息互动和沟通方式发生了变化,影响了投资者的信息收集和解读行为。网络平台的互动可以放大投资者之间的意见分歧,从而加剧上市公司股票异质性风险。然而,卖空限制的放松、公司信息透明度的提高,以及金融机构投资者持股都能够显著减轻网络平台互动对股票异质性风险的加剧作用。

互联网技术的发展对人们的信息交流与沟通方式产生了巨大影响。通过互联网与数字化技术,人们可以跨越时空进行广泛、便捷、开放的交流与互动,将孤立的个体联系在一起。互联网社交媒体在投资者之间的信息交流中发挥着重要作用,提高了投资者对信息的理解与解读,提高了资本市场的定价效率。同时,互联网也促进了家庭风险金融市场参与,降低了交易成本和市场摩擦,增强了家庭对金融市场的参与率。然而,互联网海量的信息也可能导致"噪声"信息产生,加剧股票异质性风险。在数智化时代背景下,研究居民家庭金融资产配置情况具有现实意义。

(二)居民家庭金融市场有限参与现状

纵观全球,居民家庭持有风险金融资产的比例相对较低,特别是居民家庭对股票的持有。已有文献显示,美国家庭金融市场参与率约为52%(Cupák et al.,2020)。欧洲健康、老龄化和退休调查(SHARE)数据库显示,英国家庭直接或间接持有金融资产的平均占比为31.5%,荷兰家庭为24.1%,德国家庭为22.9%,意大利家庭为8.2%,澳大利亚家庭为8.8%,瑞典家庭为66.2%,西班牙家庭为5.4%,法国家庭为26.2%,丹麦家庭为37%,希腊家庭为6.3%,瑞士家庭为31.4%(Guiso & Sodini,2013)。样本国家居民家庭平均金融市场参与率为16.8%,具体年龄组群分布如图1-2所示(Thomas & Spataro,2018)。图中数据表明,居民家庭金融市场参与率总体保持在一个较为稳定的水平,大部分家庭并不直接或间接参与金融市场,在全球范围内相当比例的家庭不愿持有风险金融资产,这一现象在金融文献中被称为风险金融市场有限参与之谜(Gardini & Magi,2007)。

中国居民家庭的金融市场有限参与问题更为突出。首先,从微观家庭数据层面,中国居民家庭储蓄率位居世界前列。经济合作与发展组织(OECD)2023 年的数据显示,2016 年至 2019 年,与加拿大(2.04%)、欧盟(6.01%)、日本(3.25%)、瑞士(17.31%)和美国(9.13%)相比,中国家庭的净储蓄率最高。具体而言,2019 年中国家庭储蓄率达到 34.79%,而美国家庭储蓄率仅占可支配净收入的 9.13%,详细数据如图 1-3 所示。

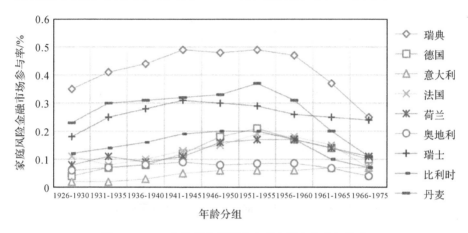

图 1-2 2010 年欧洲主要国家家庭金融市场参与情况

资料来源:Thomas A,Spataro L. Financial literacy,human capital and stock market participation in Europe[J]. Journal of Family and Economic Issues,2018(39):532-550.

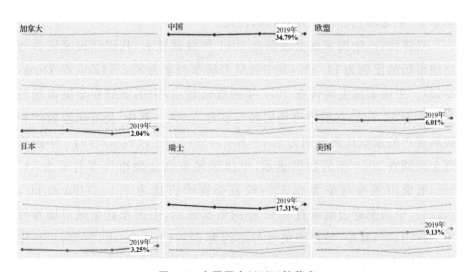

图 1-3 主要国家(组织)储蓄率

其次,从宏观经济数据层面,图 1-4 显示了全球主要国家国内储蓄总额占国内生产总值(GDP)的百分比。结果显示,与其他国家相比,中国的国内总储蓄占实际 GDP 的比例最高。这一方面说明与其他国家相比,中国的国民更倾向于进行储蓄而非投资;另一方面说明中国未来投资来源充裕。

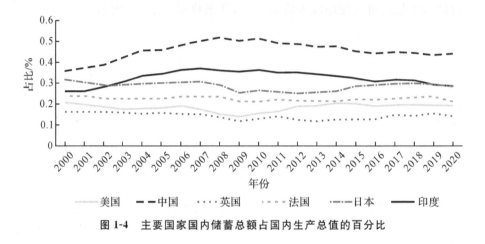

图 1-4 主要国家国内储蓄总额占国内生产总值的百分比

最后,从中国实际情况出发,居民家庭金融市场参与率始终处于较低水平。根据西南财经大学中国家庭金融调查(CHFS)2011—2017 年的数据,中国家庭金融市场参与率尽管呈逐步上升趋势,股票市场参与率呈波动水平,但总体仍然处于相对较低位置。

具体而言,中国家庭金融调查 2011 年数据显示,我国居民家庭参与金融市场的比例为 11.5％,其中股票市场参与率为 8.8％(Zou & Deng,2019)。中国家庭金融调查 2013 年的数据显示,中国家庭在金融市场的参与率为 12.5％,在股票市场的参与率为 7.9％。其中,持有风险资产和股票资产的家庭比例分别为 5.4％和 2.5％(Yang et al.,2019)。中国家庭金融调查 2015 年的数据显示,中国居民家庭金融市场参与率为 14.9％,股票市场参与率为 9.3％,权益类资产占比为 3.0％(Shi et al.,2021)。中国家庭金融调查 2017 年的数据显示,中国家庭金融市场参与率为16.34％,其中,股票市场参与率约为 8％(Chen et al.,2023)。具体中国家庭金融市场参与率与股票市场参与率如图 1-5 所示。

图 1-5　中国家庭金融调查数据

　　综上所述,学术界将居民家庭对风险金融资产的配置水平远低于理论水平最优值的现象称为风险金融市场有限参与之谜(周聪,2020;Beshears et al.,2018)。风险金融市场有限参与之谜最初由 Haliassos 和 Bertaut(1995)提出,该概念强调规范性金融研究与实证性金融研究之间的悖论。根据传统金融理论,规范的家庭金融研究认为,家庭应该持有风险金融资产从而获得股权溢价。然而,居民家庭现实情况的实证研究显示,仅有有限数量的居民家庭参与了金融市场(Campbell,2006)。理论与现实之间的悖论吸引了大量学者对风险金融市场有限参与之谜进行探究,即家庭为什么不持有或仅少量持有风险金融资产。

(三)积极探索金融市场有限参与之谜的重要性

　　探索金融市场有限参与之谜具有理论与现实的重要性(Zhou,2020)。一方面,了解居民家庭金融资产持有行为有利于理解金融市场的风险和财富分配;另一方面,由于居民家庭有权对个体积累的退休财富进行自我责任管理,居民家庭持有股票行为的经济意义不断升级。

　　首先,金融市场有限参与之谜与股权溢价之谜密切相关(Mankiw & Zeldes,1991;Bogan,2008)。股权溢价之谜指美国股权股票的收益率与国库券提供的平均收益率之间的差异——美国股权收益率远高于国库券收益率的现象(Mehra & Prescott,1985)。在个体较高的风险厌恶水平下,仅可以通过基于标准预期效用的收益率模型来解释为什么个体偏好于持有国库券(Rieger & Wang,2012)。如果个体预期的期望收益与非股票收入和股票回报收入是不相关的,那么,由于股权溢价的存在,他们将会持有风险金融资产。如果代理人不持有股票,股权收益与他的边际效用的协方差将为零,因此,个体将对少量额外的股票头寸保持相对风险中性。可见,这种维持零股票投资的组合不是最佳的投资策略(Beshears et al.,2018)。

考虑到主流的金融理论观点和居民家庭潜在获利机会,大量文献强烈建议居民家庭将金融风险资产纳入其投资组合中。通过纳入这些资产,家庭有机会潜在地提高他们的投资回报,分散他们的风险敞口,并充分利用可能产生长期增长和财富积累的市场机会。此外,将风险金融资产纳入投资组合有助于保持更平衡和全面的投资策略,从而与现代投资组合理论的原则和有效前沿理论的观点保持一致。

其次,股票市场参与涉及私有化、资产定价和资本利得税率等各个方面内容。在动态均衡模型中,税收制度影响家庭的消费决策、家庭的投资组合决策和家庭的资产价格。例如,易受股票市场风险影响的转移收入较差的代理人倾向于限制其股权敞口,以确保其转移收入保持在税收水平之上(Beshears et al.,2018)。当一个国家有很大一部分人口参与股市投资时,与资本利得和股息相关的税收优惠将不具有吸引力。收入水平较低的家庭反而更有可能从这些税收安排中受益(Guiso et al.,2003)。

最后,对家庭金融市场有限参与之谜的不断深入研究促进了对社会金融学的研究。社会金融学是一个新兴研究领域,主要关注社会互动和同伴效应对居民家庭作出财务决策时的影响(Kuchler & Stroebel,2021)。社会互动可以影响家庭投资行为,因为个人经常花费大量的闲暇时间与社交伙伴讨论投资、研究投资机会,并与他人比较他们的投资收益或损失(Shiller et al.,1984)。

社会互动对家庭金融的影响好坏参半。一方面,参与社会互动的家庭更有可能从知情的伙伴、好友处获得与投资机会相关的宝贵知识(Changwony et al.,2015),从而更好地管理投资组合,降低信息获得成本,提高金融市场参与的可能性。另一方面,社会传播的信息通过社会互动共享互通时,沟通也会存在偏差(Kaustia & Knüpfer,2012),即出现面对相同的消息,投资者也可能对股票的基本价值做出不同决定的现象(Harris & Raviv,1993;Kandel & Pearson,1995)。这种现象会进一步加剧从同行获得有偏见的信息,导致资产价格泡沫和金融市场大幅波动的情况的出现(Liang & Guo,2015)。

综上所述,考虑到有限股票市场参与之谜、股权溢价之谜、税制下的资产配置模式与行为金融和社会金融学等新兴领域之间的紧密联系,本书将对这部分内容进行进一步的探索和研究。

(四)探索中国居民家庭金融市场有限参与之谜的必要性

中国家庭拥有全球最高的储蓄率,而家庭金融市场参与率却相对较低。有限参与之谜的现象在中国比世界上其他主要国家更为严重。作为世界上人口最多、GDP 排名第二的国家,中国拥有的居民家庭数量庞大,居民家庭资本存量巨大。

中国家庭持有的可投资资产预计将呈指数级增长,为我们探索中国背景下的家庭有限参与之谜提供了现实与理论的紧迫性。据汇丰银行估计,至 2025 年,中国居民家庭持有的可投资资产将达到 300 万亿元人民币(约 46.3 万亿美元),资产体量相当于美国债券市场的价值总和(Badarinza et al.,2019)。笔者认为,我们需要特别关注中国居民家庭金融市场有限参与之谜,主要原因如下。

第一,中国的政治、经济和文化与世界上大多数国家不同,具有自身鲜明的特点。然而,现有的研究主要集中于西方的(western)、受过教育(educated)、工业化(industrialized)、富裕(rich)和民主(democratic)的,被称为 WEIRD 社会家庭的样本国家。其中,有更多的文献主要研究美国居民家庭。例如 Thomas 和 Spataro(2018)、Grinblatt 等(2011)、Guiso等(2003)。这些主要社会环境中的居民家庭依托的政治体制是资本主义,崇尚以个人主义为中心,强调个人努力得到回报,并突出获得个体收益(Steele & Lynch,2013)。

与之不同的是,中国是社会主义国家,更注重集体利益高于个人利益的传统(Steele & Lynch,2013)。例如,在中国居民家庭中,父母会为孩子的未来存钱,这种现象体现为一种集体主义倾向(Zhang & Han,2023)。这一现象与在美国居民家庭中观察到的绝对经济个人主义明显不同。美国居民家庭更体现出一种个体企业家心态(Clark et al.,1994)。

因此,从围绕个人主义和集体主义等不同文化和意识形态的视角出发,仅研究 WEIRD 社会居民家庭情况是很难准确地代表全球家庭金融资产配置模式的(Henrich et al.,2010)。中国是世界上的人口大国,中国居民家庭的习惯、习俗和特征与 WEIRD 社会有很大的不同。通过对中国居民家庭的认识,可以对这些独有的特征进行深入研究,从而对家庭金融市场有限参与问题获得更全面、细致的了解。一方面,丰富针对中国居民家庭金融市场有限参与问题的探索;另一方面,提升家庭解决财务决策问题的实际能力。

第二,中国金融市场与世界其他主要金融市场有所不同,研究中国市场的重要性之处在于,中国市场具有独特的学术价值。分析中国金融市场可以为学术界提供了解、分析和调查新兴金融市场的关键机会,并加深对这些经济体中居民家庭投资行为的认识。可以补充现有文献对发展中国家、新兴经济体及父权制国家在居民家庭风险市场有限参与问题方面的研究。

从市场情况看,中国股市与发达市场有几个不同之处。中国股市主要由散户投资者驱动,而发达市场往往由机构投资者主导(Leippold et al.,2022)。上海证券交易所 2022 年的年鉴数据显示,个人投资者持有的金融资产总市值占所有资金资产总市值的相当大一部分,达10645.6万亿元,占所有持股账户的 99.72%,个人账户数量达到 46092800 个。同时,与丹麦、爱尔兰和美国等发达市场相比,中国股市在一周的交易时间内表现出更高的趋同性,其他国家很少出现超过 57% 的股票在一周内表现出明显的趋同性(Morck et al.,2000)。

从制度角度看,中国金融体系的另一个显著特征是中央控制、银行主导和社会关系依赖(Allen et al.,2005)。与发达国家相比,中国股市的平均回报率较低,波动性较大,受到政府法规和自由化的外部环境影响较大(Su & Fleisher,1998)。

从家庭角度看,中国的财富结构与发达国家存在显著差异。在美国这类发达国家,居民家庭已经积累了大量财富,他们更倾向于投资风险资产,因为他们有能力承受潜在的损失。相比之下,中国家庭仍处于财富积累的早期阶段。居民家庭将平均大约 2/3 的总资产投资于非金融资产，这类非金融资产主要是住房资产（Fang et al.，2021）。这种财富结构上的根本差异使中国家庭有别于发达国家的家庭。

第三，与发达经济体相比，新兴经济体家庭面临的背景风险更为严重。发达国家与发展中国家对风险的影响所反映出的情况，以及应对风险所采取的措施，有很大的不同。在不确定性面前，发展中国家的家庭更倾向于选择低风险、低回报的经济活动（Cervantes-Godoy et al.，2013）。例如，与其他国家相比，中国面临着更为复杂而极具挑战性的背景风险，比如水资源短缺、过度使用农药和化学污染物等，这些风险会严重影响食品安全，从而对居民家庭的健康造成危害（Wang & Yang，2016）。在缺乏完善、正式的社会安全网的情况下，中国家庭更多地依赖非正式机构，并将增加家庭储蓄作为应对不确定性风险的积极预防措施（Wu & Zhao，2022）。

从社会福利角度看，中国大量的年轻家庭和农村家庭首次进入金融市场，他们不具有金融市场投资的经验。因此，十分有必要针对这些家庭的行为进行研究。这些家庭可以从现有的投资中积累经验，从而确保他们对未来的决策作出明智的决定（Anagol et al.，2021）。因此，研究中国居民家庭金融投资行为将有助于理解首次金融投资者的投资行为，并促进他们的财务福利。

综上所述，家庭的投资决策与市场形势、背景环境、家庭层面的个人需求和社会福利密切相关（Chen et al.，2023）。了解影响中国居民家庭经济行为的独特限制和作用环境可以有效配置居民家庭资产，提升整体经济运行效率，促进经济社会繁荣发展（Badarinza et al.，2019）。因此，本书的主要目的是考察中国家庭的金融资产配置决策。通过研究中国居民家庭的金融市场参与行为，本书将为现有研究提供更丰富的经验数据，获得更有价值的研究贡献。本书针对中国经济体的特定研究，将有助于提高我国整体社会福祉，从金融机构层面，为新兴经济体量身定制金融产品，并提升居民家庭投资者的财务福利。

（五）社交网络对中国的特殊意义

在中国，社交网络的概念通常被理解为"关系"，是指通过文化和社会关系建立起来的链接，其目的是促进群体成员之间的利益交换，建立对人际关系的信任(Wang et al.,2021)。西方社会的社会网络可以基于共同信仰,存在于私人关系,也可以存在于陌生人之间。与西方社会不同,中国社会是熟人社会,讲究亲疏远近,"关系"存在于人们更加信任的与自己关系更为亲近的熟人之间(汪丽瑾,2018)。

在中国社会背景下,个体遵循等级制的社会关系网络与互惠的规范行为,并在结构化的社会关系网络下分担相互的义务和责任(Wang et al.,2021)。例如,Tong和Yong(2014)依托新加坡和马来西亚的实地调研发现,中国企业的经济决策受到三个方面的影响,包括个人控制、个人关系网络及人际信任与信用。个人控制可以在很大程度上反映出人际的信任程度,人们相互之间的信任关系可以降低风险,并为企业带来更多稳定。基于上述分析,本书认为中国居民家庭金融资产配置决策受到中国复杂的社会网络关系的影响。

现有研究已经探索了社会互动、信任和社会资本对居民家庭金融资产配置问题的影响(Hong et al.,2004;Brown & Taylor,2010;Brown et al.,2008;Georgarakos & Pasini,2011;Liu et al.,2014;Liang & Guo,2015;Balloch et al.,2015;Nyakurukwa & Seetharam,2024;Li et al.,2022)。研究结果表明,社会网络在影响家庭金融市场参与和资产配置方面发挥了关键作用。社交网络通过促进相关知识和信息的获取,直接影响家庭金融资产配置。其主要作用渠道是通过降低交易的固定成本,从而提高金融市场参与的可能性和持有金融资产的配置决策(Liu et al.,2014;Liang & Guo,2015)。在面对不利冲击时,社会网络间接影响家庭金融资产配置,为家庭提供风险分担机制,影响家庭的风险态度,从而提高金融市场参与的可能性和持有金融资产的配置决策(Niu et al.,2020a;Wu & Zhao,2020)。

然而,目前已有研究都集中在对传统的、线下形式的、面对面的社会交互进行分析,同时,已有研究尚未得到一致的研究结论。比如,Hong等(2004)采用"邻居互动"和"教堂出席"来定义家庭的社会交互。研究发现,社会互动与金融市场参与之间存在显著正相关关系。Nyakurukwa和Seetharam(2024)使用"Stokwvel会员成员"和"妇女协会成员"作为社会互动的代理指标,研究结果表明,这些变量与金融市场参与没有显著的关联性。

随着我国信息和数字技术的快速发展,在线社会交互越来越受到欢迎,人们的社交方式从传统的线下社会交互转换为线上社会交互,这种交流模式的改变可能会影响到家庭对金融资产的使用、评价和决策(Gershoff & Mukherjee,2015)。同时,在线交互逐渐形成一种有效的信息交流平台,影响资本市场机构投资者的投资决策。机构投资者会因为享乐主义和功利主义价值观而使用社交网站(Haque et al.,2022)。

随着传统线下面对面的社会互动逐渐被在线社会互动取代,在线社会互动可以更低的参与成本提供更广泛的交流机会,有助于人们在任何时间、任何地点突破物理与空间的限制,以更低的成本获得对自己有价值的信息(Liang & Guo,2015)。本书认为,目前探讨在线社会互动对居民家庭金融资产投资行为的影响是非常必要的。然而,据笔者所知,目前对中国在线社会互动对家庭金融资产配置决策问题的研究还很缺乏。因此,本书试图通过对在线社会互动与家庭金融资产配置问题展开实证研究,来填补这一研究空白。

本书将运用社会资本理论、社会互动理论和人机交互理论等社会网络理论,从在线社会互动视角研究中国居民家庭金融市场有限参与问题。通过探索社会互动的在线信息传递渠道,探究在人工智能与互联网迅速发展的背景下,在线社会互动对家庭金融资产配置决策的影响。

二、研究意义

(一)现实意义

本书基于数智化时代社会互动视角对我国居民家庭金融资产配置问题进行研究,其现实意义主要体现在以下三个方面。

首先,本书有助于盘活我国居民家庭资金存量,激活经济社会发展,增大社会福祉。中国家庭金融行业规模庞大,中国家庭可获得的投资数额巨大。根据胡润研究院发布的《胡润财富报告》,截至 2021 年 1 月 1 日,中国富裕家庭拥有的财富总额达到 160 万亿元,比上年增长 9.6%,

是 2020 年中国实际 GDP 的 1.57 倍。[①] 汇丰（HSBC）数据显示,至 2025 年,中国家庭的可投资资产数量将达到 300 万亿元人民币（合计46.3 万亿美元）,相当于美国债券市场的整体规模。[②] 因此,中国家庭拥有的可投资的资产数额巨大。

其次,本书有助于优化我国居民家庭金融资产配置结构。目前,我国居民家庭金融资产配置结构逐步变化,中国居民家庭负债上升明显。据中国人民银行调查统计部门统计,20 世纪 90 年代,家庭债务杠杆率仅为 3％左右,至 2019 年,家庭负债率上升至 56.5％,我国家庭平均负债为 51.2 万元。[③] 因此,家庭在大量持有资产的同时也积累了大量债务,从而影响了家庭投资决策的实际行为。

最后,本书有助于帮助家庭正确理解金融市场和金融工具,减少家庭蒙受各种损失的可能性,预防政府监管风险。中国家庭缺乏理财教育,导致许多糟糕的财务决策（Lusardi & Mitchell,2014）。Niu 等（2020b）利用 2014 年中国家庭追踪调查数据,发现样本家庭中几乎 1/3 的家庭对基本金融知识问题回答错误,而且有小部分家庭不知道当时国家的利率情况。结果显示,只有 15.5％的家庭可以完全正确回答 5 个基础财务知识问题。因此,数据显示出中国家庭对基本财务的概念仅有有限的了解。Chu（2017）利用 2014 年中国消费者金融调查数据对样本家庭的金融素养展开分析,其中有 12 个问题衡量家庭的基本财务知识与高级财务知识。结果显示,只有 1％的样本家庭答对了全部 12 个问题,而 5.61％的家庭全部回答错误。基本财务知识的回答准确率在 55.71％,高级财务知识的回答准确率在 31.8％。较低的财务知识水平导致中国家庭辨识能力较低,因而更容易受到金融诈骗。例如,e 租宝 P2P 贷款丑闻一开始就上演了"空手套白狼"的骗局,非法吸引公众资金累计交易发生额 700

---

① 数据来源：https://baijiahao. baidu. com/s? id ＝1730093765470001618&wfr＝spider&for＝pc。

② 数据来源：https://baijiahao. baidu. com/s? id ＝17006275925210299990&wfr＝spider&for＝pc。

③ 数据来源：https://baijiahao. baidu. com/s? id ＝17006275925210299990&wfr＝spider&for＝pc。

多亿元,实际吸收资金 500 多亿元,涉及被害投资人约 90 万名(Albrecht et al.,2017)。因此,参考发达国家的已有经验,我国应该建立更全面、更透明的金融监管和执法系统来应对金融行业中的欺诈行为(Huang & Pontell,2023)。

(二)理论意义

从理论角度,本书主要从三个方面对家庭金融理论进行拓展与补充。

第一,从数智化时代背景视角,根据投资者非理性行为研究、数智化理论背景,从在线社会互动视角对家庭金融资产配置进行分析,探索在线社会互动如何影响家庭金融资产配置,为解释金融市场有限参与的中国情境提供有力支撑,拓宽家庭金融理论的研究视野。

第二,探索人工智能对家庭资产配置决策的影响研究。根据已有研究,将在线社会互动进一步分解为用户与用户互动及用户与信息互动,深入分析在线社会互动影响家庭金融资产配置的主要驱动因素。区分人工智能影响下,用户与用户之间的"情感交互"对家庭金融资产配置决策的影响,以及用户与信息互动之间的"信息传递"对家庭金融资产配置决策的影响。

第三,研究在线社会互动如何影响家庭金融资产配置决策。依托在线社会互动内生互动效应——口碑效应、社会规范,以及外生互动效应——情景效应三个作用渠道,探索在线社会互动影响家庭金融资产配置的影响机制。在此基础上,对处于不同背景的家庭进行进一步研究分析。从区位异质性、城乡异质性、教育水平异质性及收入水平异质性四个方面,对不同家庭背景的情况进行完整的分析与解释。

第二节　研究思路、内容与方法

一、研究思路

本书重点关注数智化发展时代背景下,在线社会互动对家庭金融资产配置行为的影响。从行为金融理论、现代资产组合理论、流动性偏好理论等代表性理论出发,结合人机交互对家庭金融资产配置的影响,剖析在线社会互动对家庭金融资产配置行为的主要驱动因素及其作用机理,并进一步阐述不同家庭背景下,家庭金融资产配置的不同影响情况。本书主要采用 2017 年中国家庭金融调查问卷数据进行实证分析,从理论与实证两个方面,深入分析在线社会互动对家庭金融资产配置行为的影响。具体思路如下。

(1)通过梳理社会网络、家庭金融资产配置、人机交互等相关领域已有研究,了解当前相关领域的研究现状,从而确定研究空白,明确本书的研究目的与主要内容。

(2)深入分析在线社会互动、社会互动对家庭金融资产配置行为的影响,分析在线社会互动的特点,并进一步拓展其对家庭金融资产配置行为可能产生的影响机制。

(3)利用 2017 年中国家庭金融调查数据,构造在线社会互动指标,使用 Probit 回归模型和 Tobit 回归模型进行实证回归分析,分别检验在线社会互动对家庭风险金融市场参与及家庭风险金融资产占比的影响。研究均通过稳健性检验,确保研究结果完整可靠。

(4)根据理论分析与实证结果,从政府、金融机构及居民家庭三个方面提出应对意见与建议,为提升我国家庭金融资产配置、增加我国居民家庭福祉、提升我国金融市场活跃度,提供有效的意见与建议。

二、研究内容

本书在系统地梳理金融市场有限参与之谜的基础上,紧密围绕社会互动这一影响因素,阐述家庭金融资产配置问题,并阐述在数智化时代背景下,该问题研究的背景与意义,回顾相关文献,通过实证分析的方法,对在线社会互动影响家庭风险金融市场参与、在线社会互动影响家庭风险金融资产占比两个方面进行分析,还探索了在线社会互动影响家庭风险金融市场参与的作用渠道。最后,研究对不同背景风险下的家庭进行异质性分析,提出政策意见与建议,帮助提升家庭金融资产配置整体水平。本书具体研究内容包括以下七章。

第一章导论。首先交代本书研究的现实背景,接着从现实与理论两个方面对研究社会互动对家庭金融资产配置的影响进行说明。以在线社会互动为切入点，一方面，使得研究更符合时代发展影响人们社会互动行为的现实情况；另一方面，区分社会互动"情感作用"渠道及"信息"传递渠道带来的不同影响，更深入地理解我国家庭风险金融市场参与之谜，有助于居民家庭优化金融资产配置，有助于金融机构提升金融产品业务水平，并为政府部门制定相关举措提供具体意见。

第二章文献综述。从投资者消费理性行为研究视角，综述行为金融领域对理性、有限理性、非理性的定义。从个体行为偏差视角，阐述过度自信、模糊厌恶、后悔厌恶、损失厌恶、前景理论对投资者行为的影响。从数智化理论视角，对人机交互、人机交互影响家庭金融资产配置研究情况进行综述。基于现代资产组合理论、流动性偏好理论、金融市场有限参与之谜三个方面，梳理家庭金融资产配置现有理论。同时，为进一步阐明家庭金融资产配置的影响因素，本章梳理了个体层面的影响因素、家庭层面的影响因素，以及外部环境的影响因素。最后，从社交网络视角，本书总结了个人因素、社区因素对家庭金融资产配置的影响，并将社会互动与家庭金融资产配置问题拓展至在线社会互动，同时分析了社会互动影响家庭金融资产配置的内生互动效应——外生互动效应/情境效应的作用机制。

第三章分析在线社会互动对家庭金融资产配置的影响。通过 Probit 回归模型和 Tobit 回归模型，依据 2017 年中国家庭金融调查问卷数据，本书构造在线社会互动变量指标，估计在线社会互动对家庭金融资产配置的影响。研究同时对模型进行稳健性检验。模型区分了在线社会互动影响家庭风险金融市场参与的情况，以及在线社会互动影响家庭风险金融资产占比的情况。研究认为，在线社会互动积极、显著影响了家庭金融资产配置，这种影响大于线下社会互动。在增加不同的控制变量、使用工具变量与剔除部分数据样本后，结论依然稳健。因此，本书提出在线社会互动是影响家庭金融资产配置的重要因素，从数智化时代发展视角填补了已有研究的空白。

第四章进一步分析在线社会互动对家庭金融资产配置的影响。研究将在线社会互动分为用户与用户互动、用户与信息互动，并实证检验用户与用户互动对家庭金融资产配置的影响、用户与信息互动对家庭金融资产配置的影响。同时,研究还检验了用户与用户互动对用户与信息互动的影响。研究发现,在在线社会互动中,用户与信息互动是促进家庭金融资产配置的重要因素,其影响作用大于在线社会互动本身。同时,用户与用户互动对用户与信息互动具有显著正向影响。作为在线社会互动的两个因素,用户与用户互动、用户与信息互动相互作用,共同影响了家庭风险金融资产配置决策。

第五章主要解决在线社会互动如何影响家庭金融资产配置的问题。即对在线社会互动影响家庭金融资产配置的机制进行检验与分析。从在线社会互动内生互动效应——口碑效应、社会规范角度,外生互动效应——情景效应三个渠道,分析在线社会互动对家庭金融资产配置的影响机制。研究认为,在线社会互动的用户与信息互动存在口碑效应机制,家庭参与金融市场比例高的省份,用户与信息互动可以显著提升家庭参与金融市场的比例,并提升家庭持有金融资产整体的参与比率。用户与用户互动存在负向口碑效应机制,较高的省份参与率,将降低家庭金融资产参与深度。在线社会互动的用户与信息互动存在社会规范机制,用户与信息互动增强了生产总值高的省域内家庭参与风险金融市场的比例。在线社会互动的用户与信息互动存在情景效应,省域内数字金融水平越高,家庭参与风险金融市场的可能性越大。

第六章分析具有不同背景风险的家庭,受到在线社会互动对家庭金融资产配置的影响。具体的家庭分组为区位异质性分析,包括东部、中西部两组子样本;城乡异质性分析,包括城市、农村居民家庭两组子样本;教育水平异质性分析,包括家庭户主具有大学文凭、家庭户主不具有大学文凭两组子样本;收入水平异质性分析,包括家庭收入水平高于平均家庭水平、家庭收入水平低于平均家庭水平两组子样本。研究认为,不同家庭所处的背景风险不同,在线社会互动对家庭金融资产配置的影响具有异质性。

第七章结论与建议。首先,对本书理论分析和实证分析的结果进行全面的总结,提炼出本书的主要研究结论。其次,从政府、金融机构与居民家庭三个层面,就如何提升我国家庭金融资产配置水平提出意见与建议。

本书研究的技术路线如图 1-6 所示。

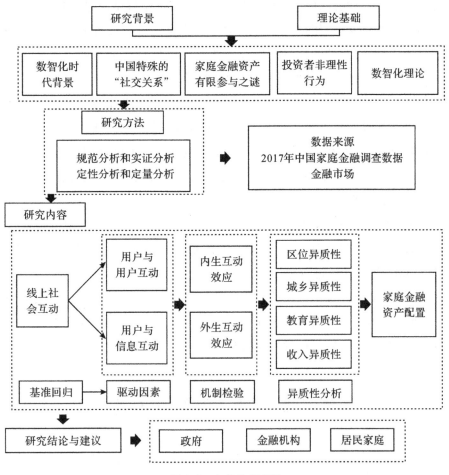

图 1-6　本书技术路线

三、研究方法

本书通过规范分析和实证分析相结合、定量研究和定性研究相结合的方法,对中国家庭在线社会互动影响家庭金融资产配置问题展开探索性分析。

首先,通过文献查阅和归纳总结相结合的方法,查阅与社会网络、家庭金融资产配置相关文献,梳理并总结出社会互动对家庭金融资产配置情况影响的研究现状,构建研究基本的理论依据与研究框架。

其次,采用规范分析和实证分析相结合的方法。从规范分析视角,结合定性分析,对在线社会互动影响家庭金融资产配置情况进行理论分析。对用户与用户互动、用户与信息互动对家庭金融资产配置的影响进行理论分析,从在线互动的情感角度及在线互动的信息交换角度进行深入分析。根据在线社会互动的特征,从内生互动效应的口碑效应、社会规范视角进行分析;从外生互动效应的情景效应视角对在线社会互动影响家庭金融资产配置的机理进行分析。根据家庭背景风险的不同,从异质性角度,对不同区位家庭、不同户籍家庭、不同教育背景家庭,以及不同收入水平家庭进行分析。本书建立了较为完整的在线社会互动影响我国家庭金融资产配置的理论基础。

从实证研究视角,本书根据已有理论框架,依据 2017 年中国家庭金融调查数据,构建在线社会互动指标体系。根据研究目的,构建 Probit 和 Tobit 实证模型,进行基本模型的实证检验。对驱动因素进行实证分析,对影响机制进行实证检验,对样本异质性进行探索。参考已有文献做法,通过增加线下社会互动变量、工具变量法、剔除部分数据样本三种不同方法,对研究结果的稳健性进行检验。

第三节 研究创新与不足

一、研究创新

第一,本书创造性地探索了在数智化时代在线社会互动对家庭金融资产配置问题的影响。通过数智化时代互联网在线互动的特征,本书分析了社会互动的情感支持模式(用户与用户互动)与信息传递模式(用户与信息互动)对中国家庭金融市场有限参与之谜的解释。研究认为,在线社会互动的信息化渠道是提升我国家庭金融资产配置水平的主要路径。情感支持是通过信息传递影响家庭金融资产配置决策的。因此,通过在线社会互动,本书拓展了社会互动对家庭金融资产配置决策的影响,明确了社会互动中信息互动的重要性,为政府、金融机构更好地提升居民家庭金融市场参与决策能力提供思路。

第二,本书分析了在线社会网络影响家庭金融资产配置决策的作用机制。通过数字普惠金融指数、省级层面家庭金融市场参与指数和省级层面 GDP 指数探索在线社会互动的内生互动效应——口碑效应和社会规范效应,以及外生互动效应——情景效应。本书的研究丰富了数字普惠金融情况、省级家庭风险金融资产参与情况、省级层面 GDP 情况对家庭金融资产配置的影响,回答了在线社会互动如何影响家庭金融资产配置决策的问题,较为完整地进行了在线社会互动对中国家庭金融资产配置决策的影响分析。

第三,不同于以往的研究,本书进一步从异质性视角对面临不同背景风险的家庭进行金融资产配置现状的探索。本书旨在从背景风险角度,为提升居民家庭金融资产配置水平提供切实可行的操作依据。具体而言,已有的关于社会网络与经济行为的研究大多采用西方的、受过教育、工业化、富裕和民主的,被称为 WEIRD 社会家庭的子样本,对于中国家庭的研究在最近几年才逐渐兴起。主要原因是微观数据的不足。因此,本书采用中国家庭金融调查 2017 年的样本数据,进行系统化的微观数据研究。本书的研究丰富了针对我国幅员辽阔,不同家庭所处文化、生活环境都不相同的背景风险探索。通过区位异质性分析、城乡异质性分析、教育水平异质性分析,以及收入水平异质性分析,本书对我国家庭在线社会互动影响家庭金融资产配置现状进行了完整阐述。

二、研究不足

第一,鉴于研究数据的有限性,本书对在线社会互动指标的构造仅表达出基本的研究思路与意义内涵,没有通过复杂方法得到全面的在线社会互动指标,后续研究可以对指标的构造进行更深一步的探索。

第二,本书的研究仅局限于中国家庭情况,但是,在线社会互动是跨越国界、突破国家界限的。因此,后续研究可以对更广泛家庭与不同国家的在线社会互动情况影响家庭金融资产配置问题进行对比研究,以期获得更丰富的研究结论。

第三,本书目前所关注的在线社会互动情况仅为电脑终端的在线社会互动情况。但是网络在线社会互动可以细分为移动端在线社会互动和电脑端在线社会互动。未来的研究可以细化两者的区别,并分析其机制的异同。

第四节 研究范围

一、数据来源

数据来自 2017 年中国家庭金融调查数据,该调查由西南财经大学中国家庭金融调查与研究中心发布。本书使用 2017 年的调查数据进行实证分析,因为这一期问卷调查中包含有关互联网使用的在线互动问题。同时,这一期问卷是笔者可获得问卷范围内的最新一期问卷。参考 Cui 和 Cho(2019)的研究,本书测试的对象是单位家庭的决策。数据提取自家庭数据集和成人数据集,并按照如下程序进行处理:(1)剔除缺失户主特征或住户特征数据的样本;(2)剔除所有在调查中被描述为"qc=1"的低质量数据,"qc=1"指因为受访者的客观回答比例过高或受访者的主动报告质量较低,而被判定为低质量数据;(3)关注家庭在线社会互动活动,排除所有在"你是否使用过互联网"一题中回答为"否"的家庭。最后,本书的数据集由 16891 个家庭组成。

二、金融市场定义

本书所指的金融市场是指深圳证券交易所和上海证券交易所上市的所有 A 股股票市场。中国 A 股市场包括主板市场股票、中小企业板股票和创业板股票。它的正式名称为人民币普通股,是指境内公司发行的、专门供境内机构、组织和个人以人民币认购和交易的普通股票。值得注意的是,在本书中,我国台湾、香港和澳门的投资者不包括在这个市场之内。

(一)深圳证券交易所

深圳证券交易所成立于 1990 年 12 月 1 日,是国务院授权、国家认可的证券交易场所,受中国证券监督管理委员会监督管理。经过 30 多年的持续发展,深圳证券交易所(简称"深交所")已成功构建了一个功能齐全、行业特色鲜明、监管规范透明、运行安全可靠、服务全面高效的市场体系。此外,它建立了一个定义明确的市场结构,具有明确的定位,包括"主板"和"创业板"两部分。这种结构迎合成熟的蓝筹企业,并支持专注于增长的创新和创业公司。此外,它还为各类投资者提供服务。

深交所已成为实施创新驱动发展战略和促进经济高质量发展的重要平台。2021 年,它在全球范围内的主要金融指标中取得了引人注目的排名。具体来看,深交所的股票交易额在全球排名第三,融资额排名第三,IPO 公司数量排名第四,股票总市值排名第六。深交所还展示了在环境可持续发展方面的出色表现。根据联合国可持续交易所倡议对 20 国集团中重要交易所的碳排放进行的评估,它是这方面表现最出色的交易所之一。深交所的详细情况如表 1-1 所示。

表 1-1　深圳证券交易所概况

证券类别	数量/只	成交金额/亿元	总市值/亿元	流通市值/亿元
股票	2867	6179.30	321350.97	265313.25
主板 A 股	1501	3341.61	202833.99	180151.79
主板 B 股	41	0.66	482.66	480.50
创业板 A 股	1325	2837.03	118034.32	84680.96
基金	641	282.65	5435.20	5340.31
ETF	337	278.46	4876.71	4876.71
LOF	294	3.40	329.90	329.90
封闭式基金	1	0.04	16.31	16.31
基础设施基金	9	0.75	212.28	117.39
债券	13223	2847.48	—	—
债券现券	12604	429.37	670007.12	26723.53
债券回购	9	2411.27	—	—
ABS	610	6.84	4251.40	4251.40
期权	436	7.93	—	—

注:资料来源于深圳证券交易所官网(http://www.szse.cn/market/overview/index.html)。其中 ETF(Exchange Trade Fund)为交易型开放式指数基金;LOF(Listed Open-Ended Fund)为上市型开放式基金;ABS(Asset-backed Securities)是以特定资产(如债权、汽车贷款、房屋抵押贷款等)为基础,通过证券化技术转化为可交易的证券产品。

（二）上海证券交易所

上海证券交易所成立于 1990 年 11 月 26 日,同年 12 月 19 日开始运营。30 多年来,它已发展成为世界上最活跃的证券交易所之一,目前其股票总市值在全球排名第三。该交易所拥有相对全面的市场结构,支持四大证券类别——股票、债券、基金和衍生品的交易。其交易系统由基本通信设施支持,旨在确保市场高效稳定运行。为保证市场规范、有序运行,该交易所实行自律监管制度。这一系统使该交易所吸引了越来越多的投资者,促进了上海证券市场的快速发展。上海证券交易所的详细情况如表 1-2 所示。

表 1-2 上海证券交易所概况

分类	数量/只	总市值/亿元	流通市值/亿元	成交额/亿元
股票	2292	474452.09	426256.02	4482.72
主板 A	1686	411042.02	387523.98	3690.64
主板 B	44	809.70	630.75	1.00
科创板	562	62600.38	38101.29	791.08
优先股	32	7658.18	7658.18	0.41
债券	30015	167783.89	167783.89	2147.51
政府债	10168	21330.95	21330.95	1046.29
信用债	19847	146452.94	146452.94	1101.23
基金	671	16213.66	15837.76	1263.49
ETF	524	15454.41	15454.41	1260.51
LOF	127	104.18	104.18	1.17
基础设施公募 REITs	20	655.08	279.18	1.80
期权	5	—	—	18.12
回购	45	—	—	18197.97

注:资料来源于上海证券交易所官网(http://www.sse.com.cn/market/view/)。其中 REITs(Real Estate Investment Trusts)为信托基金。

本章小结

本章主要从研究背景与意义出发,阐述在数智化时代背景下,互联网与人工智能飞速发展,信息传播的成本更低,范围更广,人们的互动模式从传统的线下社会互动转变为线上社会互动。在这种背景下,在线社会互动会对居民家庭金融资产配置产生什么影响呢?

首先,本章从在线社会互动角度,拓展了对家庭金融市场有限参与之谜的解释。家庭金融资产配置问题是世界性谜题,提升家庭金融市场参与率和参与深度可以帮助破解股权溢价之谜,促进金融市场整体的活跃性,从而提升社会经济活力。社交网络对中国家庭具有独特的意义。中国家庭更偏好于使用社交网络弱关系来传递有效信息,并进行社会互助。因而,从在线社会互动角度对家庭金融资产配置问题进行研究,是对已有面对面线下社会互动研究的进一步拓展与补充。本章从现实意义与理论意义角度阐述了本书研究的必要性。

其次,本章介绍了本书的研究思路、研究内容与研究方法。本章对具体的研究思路进行阐述,通过揭示在线社会互动视角的研究空白,探索在线社会互动影响家庭金融资产配置的主要目的与内容。本章阐明了研究思路的缘起与研究内容的概况,并指出本书采用的主要研究方法。

最后,本章介绍了研究的创新点与研究的不足之处,并对研究所采纳的数据范围与研究所涉及的金融市场进行定义。

第二章 文献综述

家庭金融研究的重点是金融资产配置行为,即居民家庭如何通过使用各种金融工具来达到家庭财富保值增值的目的(杜朝运和丁超,2017)。在本书中,家庭金融资产配置着重关注居民家庭是否参与金融市场、家庭风险金融资产在金融资产中的配置比例。本章的逻辑顺序为:第一,综述了以行为金融学为基础的,对个人投资者在金融市场中存在典型行为偏差的心理学、认知学等相关研究成果,从而为后续家庭行为金融的研究做好铺垫工作。第二,从家庭金融相关文献综述展开,具体介绍家庭金融资产配置经典理论依据,包括现代资产组合理论、流动性偏好理论、金融市场有限参与之谜。第三,从个体、家庭及外部环境三个方面梳理已有研究涉及的对家庭金融资产配置的主要影响因素。第四,总结了数字化时代社会互动方面的相关文献,介绍社会互动理论、人机互动理论、自组织理论并综述了其在家庭金融资产配置方面的已有研究。第五,对数智化背景下社会互动的特征与内涵进行总结与综述。

第一节 投资者非理性行为研究

一、行为金融兴起

目前公认的规范金融理论,被称为标准金融或传统金融,它从学术视角提供了对金融市场的全面理解,但无法解释具体的个体投资行为。这是因为投资者并不总是理性的,金融市场也不是完全有效的。在此基础上,随着心理学和社会学的研究成果被引入经济学的研究框架中,行为金融学(behavioral finance)应运而生。行为金融学试图从人的角度对金融和投资现象进行更细致和全面的解释,旨在扩大对投资者行为模式的规律总结,包括理性的投资技术和感性的决策因素。因此,行为金融学试图站在人的角度,阐明金融和投资决策背后的基本原理,强调对投资者决策过程的理解,包括情绪因素对这些决策过程的影响(Statman,2008)。本节将概述现有文献对于理性、有限理性和非理性的讨论,为投资者非理性行为的解释提供理论依据。

(一)理性

亚当·斯密提出"自利原则",即经济社会发展最原始的动力是个人的自利行为,标志着古典"经济人"模式基本形成(王茜,2007)。斯密的"经济人"思想包含以下三层意思:(1)自利的,即以追求自身利益为经济行为的根本动机。(2)理性的,即能够根据所获得的信息做出使自身利益最大化的决策。(3)增进社会福利,即在较为完善的法律与制度环境下,追求个人利益最大化的行为会提升整个社会福利。

新古典微观经济学的哲学基础是理性个人,以模型形式表述就是偏好、效用和效用函数等概念,这些概念及理性人假设基础上设立的公理体系成为现代西方微观经济学的理论基础。其理性人假设具体包括:(1)有序的偏好(内在一致性)。个体在作出决策时,能够建立起一套优先次序,以确定不同选择之间的相对价值,并在决策过程中保持内在一致性,即遵循相同的选择原则,不会出现矛盾的决策结果。(2)边际收益与边际成本相等原则。此为市场达到均衡状态的重要条件。当市场上的供求关系被调整到边际收益与边际成本相等时,市场将达到最有效率的状态,此时,每个人都会在最优的水平上使用资源并获得最大的总体利益。

上述理论中,理性的含义包含两层意思:一是当经济个体获取新的信息时,他们会根据贝叶斯法则(Bayes Rule)重新评估对事件的看法或信念。二是假定已知经济个体的信念,他们的选择将旨在最大化其主观预期效用(Barberis & Thaler,2003)。总结而言,理性行为满足:(1)偏好关系具有完备性、反身性和传递性等特点;(2)不确定条件下以最大化期望效用为决策准则;(3)以贝叶斯法则进行信息调整与学习;(4)经济个体的风险规避(彭倩,2022)。

理性假说的提出为经济学的发展奠定了基础,为经济学家们构建期望效用理论、A—D均衡理论等系列经济行为理论模型提供了概念框架。然而,现实情况是,理性假说无法真实刻画个体在现实中的实际行为,因为人们在现实场景中的真实行为与理论模型预测的最优结果之间往往存在偏差,没有人可以做到完全理性(王茜,2007)。

(二)有限理性

有限理性理论协调了经济学主张的绝对理性与心理学主张的非理性,由赫伯特·西蒙于20世纪50年代提出。"有限理性"指出理性经济人模式的两个缺陷:一是人不可能是完全理性的,人们很难对每个措施将要产生的结果有完全的了解和正确的预测。相反,人们常常要在缺乏完全了解的情况下,一定程度地根据主观判断进行决策。二是在决策过程中不可能将每一个方案都列出来,一方面是人们的能力有限,另一方面受到决策过程的成本限制,人们所作的决策不是寻找一切方案中最好的,而是寻找已知方案中可满足要求的(Simon,2013)。有限理性理论被西蒙称为行为模型(the behavioral model),将每个行为人看作一个协作系统。由于受到诸多因素影响,有限理性表现出的特征有:(1)行为人不能掌握所有的知识;(2)行为人的预期难以确定;(3)行为人的现实局限(白丹,2017),因而行为人通常选择当下环境中的满意解,而不是最优解。

有限理性为实际决策提供更切合实际的指导。在有限理性的基础上,经济学家与心理学家不断拓展西蒙的思想,建立了企业行为决策和博弈理论,提出了前景理论(Prospect Theory)等一系列研究成果(刘永芳,2022)。但是,有限理性强调了目标函数只能实现"满意"而难以达到"最优",无法解决有限理性的程度问题(何大安,2004)。

(三)非理性

相对于经济人理性假设而言,非理性(irrational)是存在的。新古典经济学所采用的理性假设在实际运用中成为非理性的比较标准。从决策目标看,在预期效用理论下,理性经济主体会根据结果发生的概率大小和期末财富进行选择,其决策行为建立在充分获取和分析信息的基础上。而非理性的行为包含了以下四大特征:一是对偏好的公理性质疑,即存在违背完备性、传递性、连续性和独立性等偏好关系的情况;二是在不确定条件下,偏好主要由财富增量而非总量决定,因而决策并不以期望效用最大化为最终决策目标,可能遵循前景理论中价值函数最大化为依据;三是投资者的预期效用函数不是概率的直接加权,而是将概率转化为一种权重函数 $\pi(P)$,根据权重函数的"确定性效应"(certainty effect),即(客观上)具有较大发生概率的事件被赋予更高的权重(主观概率),反之(客观上)具有较小发生概率的事件被赋予较小的权重(主观概率);四是经济个体并不总是表现出风险规避性,而可能出现风险厌恶等情况,比如人们在面临亏损时不是"风险厌恶"的,而是"风险追求"的心理现象(易宪容和赵春明,2004;彭倩,2022)。

行为经济学以非理性选择理论为基础,认为金融市场中个体的非理性行为是普遍存在的。非理性行为影响了资本资产如何定价问题,并对有效市场提出不同的观点。非理性行为会引起资产的不合理定价、股票收益率异象、市场反应延迟等现象,需要采用行为资产定价模型,例如带有非理性因素的资本资产定价模型、相对效用定价模型等(Hirshleifer,2001)。实证结果显示市场并不完全有效。例如,价值投资策略(value investing)和动量投资策略(momentum investing)等在历史上长期表现优异,说明市场并非完全反映了全部信息(Jegadeesh & Titman,1993)。相对于弱式有效市场,半强式或强式有效市场更加稀有。例如,华尔街分析师的预测普遍存在失误,说明市场并没有完全反映所有的公开信息,而一些内幕信息仍然能够带来超额收益(Jaffe,1974)。行为金融学并不否定有效市场的存在,而是将其看作一个渐进过程。随着人们对金融市场行为的认识加深,投资者的理性水平逐渐提高,市场反应的速度和效率也会逐步提高。

二、个体行为偏差

投资者在实际环境中通常面临着信息不完全、决策场景复杂和信息处理能力有限等问题,这导致其无法对问题进行理性决策,因而通常采用启发式(heuristics)来简化决策过程,以节省认知和计算成本。同时,人们也会依赖于经验、直觉和模式匹配等非理性因素来作出决策,这导致人们在决策过程中常常产生偏差,无法做到最优化(Simon,1956;Kahneman et al.,1982)。因此,投资者必须意识到启发式的潜在局限性,通过额外的认知过程,进一步完善决策过程。本部分将具体阐述具有代表性的个体行为偏差的基本理论概念,包括过度自信、模糊厌恶、后悔厌恶、损失厌恶、前景理论等,回顾行为金融学中对偏离传统理性经济行为进行解释的理论贡献,从而更好地理解个人投资者在金融市场运行中对应的现实行为。

(一)过度自信

影响决策的第一个主要行为偏差是过度自信。过度自信作为自我中心偏差的一种表现,是判断心理学领域中最稳健的发现之一(De Bondt & Thaler,1995),被定义为对决策的准确性和知识精确性的系统性高估(Dittrich et al.,2005)。具体表现为市场上投资者普遍存在的反应过度现象,即对过去表现最好的股票过度乐观,对表现最差的股票过度悲观,从而导致投资者作出错误的决策,并产生不必要的交易费用(De Bondt&Thaler,1995)。

过度自信表现在对公司未来业绩的估计上。比如,Ben-David 等(2013)通过使用为期 10 年的面板数据进行实证研究,涵盖 13300 个样本对象。研究发现,财务总监普遍存在着"低估偏差",即他们过度低估了公司未来的盈利能力和业绩波动性,导致对未来的预测相对于实际情况存在偏差。而在公司业绩表现良好时,他们会抑制负面信息的披露,从而更加自信地推销公司的未来前景,导致投资者对公司的判断和投资决策产生偏差,形成一定程度的误解与风险。

过度自信也会左右人们对信息的判断。Pikulina 等(2017)通过实验研究发现,过度自信的参与者在交易开始前对自己的能力和知识水平评估更高,并且更容易忽视新信息或与自己现有观点相违背的信息,从而进一步强化他们的自信感。与学生群体相比,金融经理通常拥有更高的金融知识水平与技能,但他们依旧会出现过度自信的行为,具体表现在:(1)个体认为他们比其他人更出色;(2)高估自己的能力和成功的概率。

(二)模糊厌恶

影响决策的第二个主要行为偏差是模糊厌恶,由 Ellsberg(1961)提出,旨在探讨人们如何面对不确定性的情况。研究指出,人们倾向于已知的风险而避免主观的、模糊的不确定性。Guidolin 和 Liu(2016)区分了投资者在面对不确定性时的风险厌恶与模糊厌恶。研究认为,美国本土投资者的模糊厌恶倾向会导致他们过度集中持有少数本国的股票或资产,而不是进行充分的分散投资。这样的投资行为可能会导致高度集中的风险和波动性,并且降低长期收益。Peijnenburg(2018)指出,模糊厌恶的投资者更倾向于持有更熟悉的股票和多元化程度较低的投资组合,从而导致投资组合的风险过高,夏普比率(Sharpe Ratio)偏低。Antoniou 等(2015)通过实证数据检验证实了当股票市场的模糊性增加时,投资者投资股票的倾向会降低这一假设,即随着股票市场模糊性的增加,会显著降低家庭平均参与投资股票的概率。

(三)后悔厌恶

影响投资决策的第三个主要行为偏差是后悔厌恶,指人们害怕他们现在做出的决定会在未来被证实是错误的(Awais & Estes,2019)。在认知方面,这种害怕的情绪,使得投资者不愿意承担风险,导致过度谨慎和避免后悔的决策,从而不愿意进行合理的风险管理,错失可能带来高收益的机会。在行为方面,Gazel(2015)指出,后悔厌恶会导致投资者持有表现不佳的股票,且避免卖出,从而避免承认损失和错误的投资决策。这种偏见也会导致投资者对某些股票是基于公司声誉而感知到的主观偏好,而不是其预期回报。在情感方面,后悔厌恶还会使投资者达成共识,避免潜在的后悔,导致"羊群行为",限制投资者未来获取回报的潜力。投资者可以通过深入了解自己的心理因素,并采取相应的措施,例如规避常见的行为偏误、增强风险管理技能、多样化投资组合等,来降低后悔厌恶的风险,提高决策的准确性(Singh & Sikarwar,2015)。

(四)损失厌恶

影响投资决策的第四个主要行为偏差是损失厌恶,指人们面对等值的收益和损失时,损失对个人的情绪反应比收益更敏感(Berkelaar et al.,2004)。比如,当投资者倾向于过分关注当前的投资回报和短期风险时,就会容易忽略长期的收益和风险,形成"股本溢价之谜"(Benartzi &

Thaler,1995)。Hwang 和 Satchell(2010)指出,金融市场的投资者比文献中假设的投资者更厌恶损失。此外,损失厌恶随着市场条件的变化而变化,投资者在牛市中比在熊市中更厌恶损失,体现出其他人的收益会导致更大的损失负效应。研究还发现,投资者对亏损的变化比对收益的变化更敏感。

(五)前景理论

行为金融学的核心理论是前景理论(prospect theory),由 Kahneman 和 Tversky 于 1979 年提出,用以替代预期效用理论来解释个体在风险条件下的决策行为(Edwards,1996)。该理论确定了影响人们判断的三种效应:一是确定性效应,个人在面对有利可图的结果时表现出风险厌恶,从而赋予确定性结果更高的权重,导致对不确定性结果的低估。二是反射效应,即人们在正收益范围内进行风险规避,在负损失范围内进行风险寻求。三是隔离效应,在比较不同可能的结果时,人们会分解并关注所选对象的不同部分,导致投资者偏好与最终选择不一致(Wan,2018)。

第二节　数智化理论背景

一、人机交互

早期针对人机交互的研究关注人机协同工作和图形用户界面的概念框架构造。Engelbart(2023)提出了增强人类智能的概念,并介绍了通过计算机系统帮助人们更有效地思考、合作和解决问题的内容。研究为后续计算机技术可以提升人类思考和写作能力奠定了基础(Engelbart & English,1968)。后续随着计算机系统的发展,关于人机交互的研究从聚焦于人与计算机的交互扩展至各种形式的机器的交互与界面设计,形成多学科交叉属性。比如,可以通过摄像头、投影仪、触摸传感器、距离传感器、红外收发器等机器设备,通过故事互动、情节选择、故事创造等不同场景创设与儿童互动的沉浸式学习及娱乐空间(李萌等,2023)。在商务对话中,李梦馨和易成(2023)探索了用户对交互对象的认知,以及论证方法对在线客服对话设计交流的效果和体验的影响。其中,用户交互对象分为机器人或人工客服,对话设计采用双面论证或单面论证。研究采用人机交互领域的沃兹原型(Wizard of Oz)方法。研究发现,在人机对话中,双面论证对用户的购买意愿无显著影响,而可信度与愉悦度均有大于人人对话的积极影响,而在人人对话中,双面论证对用户购买意愿产生负面影响。

进一步的研究开始区分基于计算机作为中介的人机交互和人与机器的交流互动。计算机作为中介的人机交互(computer-mediated communication,CMC)是通过计算机进行各种形式的人际交流的通用名称,比如利用计算机开会、计算机辅助教学、计算机进行工作等(Hiltz & Turoff,1993)。计算机作为中介的人机交互逐渐成为电话、邮件或面对面会议的替代,是建立和维持人际关系的新媒介,计算机成为人们沟通交流的渠道(Bortfeld,1998)。

后续研究在前述认识的基础上,进一步发现计算机将不再是人类用户相互交流的工具或媒介,而是另一个与人交流和互动的社会行动者,即人机互动(human-machine communication,HMC)。与前几代几乎没有智能迹象的机器不同,这些智能机器不仅可以作为通信过程的渠道,而且能够在参与通信交互中发挥积极作用(Gunkel,2012)。人工智能从人们交谈的协调者转变为人们交流的对象,从而在形式、功能和人类解释方面对交流理论形成挑战(Guzman & Lewis,2020)。

对应于人们对人机交互的不断深入理解,数智化的发展经历了三个阶段:第一阶段是"数字智慧化",即在大数据中加入人的智慧,提高大数据的效用。第二阶段是"智慧数字化",即运用数字技术,管理人的智慧,是从"人工"到"智能"的提升,从而从繁杂的劳动中解放人。第三阶段是把这两个过程结合起来,构成人机的深度对话,使机器继承人的某些逻辑,形成人机一体的新生态(人民资讯,2022)。综上所述,本书认为计算机作为中介的人机交互对应第二阶段的数智化,而人机互动则对应第三阶段的数智化。

针对第三阶段数智化的研究发现,人与机器的互动会表现出不同于人与人之间互动的个性特征和交际属性。具体来说,与人工智能相比,用户在与人类互动时往往更开放、更随和、更外向、更认真、更具自我表露(Mou & Xu,2017)。Hill 等(2015)从 7 个方面比较了 100 次人与人的即时通信对话和 100 次人与聊天机器人的交流。研究发现,人们与机器人交流的时间比与人交流的时间更长,但信息更短。交流的对话中缺乏丰富的词汇与认真的态度,说明人与机器交流的对话内容与质量和人与人交流的对话内容与质量存在差异。Jain 等(2018)研究指出,人与机器交互的目标是机器需要表现出社交能力,因为机器是模仿人与人交互而设计的,因而要让用户接受人机交互是一个社交层面而不是技术层面的问题(Neururer et al.,2018)。Chaves 等(2021)归纳整理了 56 篇相关领域文献,认为人机交互的社交特征包括了三个层次(11 种):(1)交流智慧:积极主动、责任心、传染性;(2)社交智慧:损害控制、彻底性、礼仪、道德机制、情商、个性化;(3)拟人化:身份、个性。因此,数智化时代背景下的人机交互具有其独特的鲜明特色,从而会对人们的基本交流与个人决策产生影响。

二、人机交互影响家庭资产配置研究

针对人工智能影响家庭资产配置决策的研究正处于起步阶段。比如,在财富管理领域中,日趋重视的财务机器人投资管理研究。机器人投资顾问可以依据均值方差模型,从财务报表、市场数据和其他数据中得到定量的数据信息。之后,基于公司治理、潜在市场份额和颠覆能力的主观判断,赋予两个类别中不同的因素以不同的权重,从而从人工智能系统角度对投资者的投资决策提出意见与建议,具体模型概念框架如图 2-1 所示(Shanmuganathan,2020)。

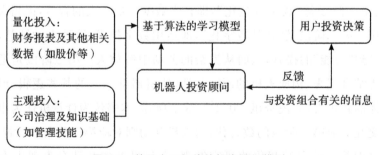

图 2-1　基于人工智能的投资顾问模型

数据来源:Shanmuganathan M. Behavioural finance in an era of artificial intel-
ligence:Longitudinal case study of robo-advisors in investment decisions[J]. Jour-
nal of Behavioral and Experimental Finance,2020(27):100297.

实证研究探索了人们对人工智能投资顾问的接受程度及其影响因素。Chua 等(2023)利用实证实验方法对 368 名参与者进行概念模型的验证,对低不确定性的投资建议与高不确定性的投资建议进行分组比较研究。结论显示,人工智能的态度与接受人工智能推荐的行为意愿、对人工智能的信任、人工智能的感知准确性呈显著正相关关系。此外,不确定性水平调节了人工智能的态度、人工智能的信任和人工智能的感知准确性,随着接受人工智能推荐的行为意愿而发生的变化。当不确定性较高时,对人工智能的好感是接受人工智能投资建议的必要条件,但不是充分条件。Manrai 和 Gupta(2023)在 Technology Acceptance Model (TAM)理论的基础上,增加了主观规范与信任两个维度,调查股市投资者对人工智能(AI)/机器人咨询服务的看法,以及影响他们采用 AI/机器人咨询服务行为意愿的因素。研究采用抽样方法回收 252 份调查问卷。结论指出,服务中的信任及主观规范是影响股市投资者对人工智能投资服务的重要变量。此外,感知有用性、感知易用性和态度同样具有统计学意义。

上述分析表明,随着信息技术与科技的不断发展,数智化的应用从传统的信息传递中介向基于算法的投资顾问转变,人工智能如何影响个人决策成为研究领域内日益重视的话题。

第三节　家庭金融相关文献综述

家庭金融(household finance)最初由约翰·坎贝尔(John Campbell)在美国金融协会 2006 年的演讲中提出,是金融经济学的一个领域,研究家庭是如何使用金融工具和金融市场来实现他们的目标(Campbell,2006)。不同于传统公司金融,家庭金融问题面临许多特殊特点,这些特点赋予了这个领域独特的性质。家庭金融的研究主要围绕两个基本路径展开:第一,利用已有的金融经济学理论,来分析家庭金融行为,并对其行为提出金融建议;第二,根据家庭金融行为的实证结果,来提升金融决策理论的深度和广度(吴卫星等,2015)。因此,一方面,研究关注规范主义家庭金融研究(normative household finance),即根据传统经济学理论,家庭在面临财务管理任务时,应该如何选择。此时,规范性模型是衡量和评估家庭做出合理财务选择能力的基准。另一方面,研究关注实证主义家庭金融研究(positive household finance),根据家庭实际作出的金融决策,进行实证研究,并与规范模型形成对比。分析实证结果与理论模型之间的偏离,从而通过金融教育和专业建议加以纠正或挑战规范模型本身的基准作用(Guiso & Sodini,2013)。

家庭金融研究的核心问题是如何通过不同的投资工具来获得资产跨期的最优配置(张传勇,2014),根据家庭资产经典理论,以资产的风险与收益两大属性作为决定因素,研究家庭金融资产配置决策的两个基本问题:第一,家庭是否参与市场;第二,家庭资产在各资产项目中的参与比例。本书将围绕这两个基本问题展开研究。

一、家庭资产配置理论研究

(一)现代资产组合理论

从20世纪50年代开始,绝大部分的家庭资产组合理论着重关注投资者在无风险金融资产和风险金融资产之间的选择问题。Markowitz(1952)最早提出均值—方差投资组合分析框架,奠定了现代资产组合理论的基石。研究指出,"理性投资者"将在给定期望风险水平下对期望收益进行最大化,或对期望风险最小化。因此,在不确定条件下,投资者在无风险资产及风险资产组合的有效边界上形成各自收益与风险偏好的一条单调递增的凸曲线,称为投资组合有效边界,在这条有效边界上进行资产配置是有效投资的最优选择。

之后,Tobin(1958)在现代投资组合理论的基础上提出"两基金分离定理",这一理论引入了无风险资产的概念。在允许卖空的证券组合选择问题中,每一种有效证券组合都是一种无风险资产与一种特殊的风险资产的组合。因此,投资者的最优风险资产组合与风险偏好无关。资产组合的选择可以分为两个阶段:第一阶段是最优化所有风险资产的组合;第二阶段是进行风险资产最优组合与无风险资产的配比。

从整个市场的角度,Sharpe(1964)通过建立CAPM(资本资产定价)模型,考察了证券资产风险—收益的一般均衡特征,将资产的总风险分为系统性风险和非系统性风险,并认为分散化的资产投资组合可以消除风险资产自身的非系统性风险,而无法消除系统性市场风险。这种系统性市场风险是风险资产溢价的来源。

(二)流动性偏好理论

凯恩斯(Keynes)的流动性偏好理论认为,利率不是对储蓄的奖励,而是对不囤积现金或在特定时期内放弃流动性的奖励(Culham,2020)。现金作为流动性和灵活性最高的资产,无法为投资者带来回报;然而,它提供了安全性,并作为满足日常需求的一种手段。因此,人们倾向于持有可能无利可图的高流动性货币资金,而不是其他可能产生更高回报但不易转换为现金的资产。该理论的核心是人们对货币需求的概念,源于人们对流动性的心理偏好。因此,流动性偏好反映了人们对货币作为流动性形式的偏好。这种心理动机源于三个主要特征:投机性、预防性及交易性。其中,交易性动机和预防性动机是收入的函数,并且与收入成正比,其对货币的需求与利率没有直接关系;而投机性动机带来的货币需求则与利率成反比,因为较高的利率对应较高的机会成本。

因此,经济收入和利率是决定货币需求的因素。由于某个特定时期的利率难以准确预估,将导致债券价格上升或下降。在这种情况下,投资者可以选择购买债券或持有货币。当利率低于某个标准值时,投资者会放弃对债券的持有,因为利息带来的收入无法满足他们的需求,他们会更愿意持有货币。反之,如果利率很高且高于某个标准值,人们会更多地去持有债券。

(三)金融市场有限参与之谜

通过资本资产定价模型(CAPM)对标准投资组合理论的了解,家庭至少应该持有部分股票作为风险资产,以从股权溢价中获得收益(Guiso & Sodini,2013)。然而,很多家庭并不参与股票市场,居民家庭风险金融市场的参与率远远低于早期资产组合理论中经济模型对参与率的预测。这个谜题凸显了关于家庭投资行为中理论与现实的差异,被称为"金融市场有限参与之谜","金融市场有限参与之谜"指在世界范围内,相当大比例的家庭不参与股票市场(Mankiw & Zeldes,1991)。该问题最早由

Haliassos 和 Bertaut(1995)提出,是解释股权溢价之谜的重要理论基石(Bogan,2008)。国内外大量学者对家庭金融市场有限参与之谜进行了探讨。具体的研究主要集中在家庭是否参与金融市场、参与金融市场的深度,以及哪些因素影响家庭金融资产配置决策。本节后续部分将针对影响家庭金融资产配置的主要因素进行分析。

二、家庭金融资产配置的影响因素

大部分家庭并不参与金融资产投资,无论是直接持有金融资产或通过基金等其他形式间接持有金融资产(Beshears et al.,2018)。大量研究试图解释"金融市场有限参与之谜",即为什么家庭不按照标准投资组合理论的设定,通过持有一部分的金融资产而获得股权溢价(Guiso & Sodini,2013)。

(一)个体层面影响因素

研究考察个体层面特征对家庭金融资产配置的影响。以往文献研究个体层面的影响因素,主要包括对股票回报的主观预期(Hurd et al.,2011)、性别(Halko et al.,2012;Almenberg & Dreber,2015;Li et al.,2021)、智商水平(Grinblatt et al.,2011)、教育水平(Cole & Shastry,2009)、年龄(Peijnenburg,2018)、婚姻(Liu & Zhang,2021)、风险态度(Sivaramakrishnan et al.,2017)等。Ali 等(2012)调查了巴基斯坦居民股票市场参与的主要影响因素,研究发现,年龄、性别、职业、教育程度和收入等人口统计学特征对家庭持股比例有影响。意识、财务素养、社会互动、信息成本、参与成本和进入成本也对家庭持股比例有影响。研究指出了制约个人持股的主要原因,包括资金缺乏、缺乏对股市或任何其他形式的投资的认识和信息。具体而言,本书认为,个体层面影响家庭金融资产配置问题的主要因素包括以下几种。

1. 主观预期

研究认为,主观预期显著正向影响家庭金融资产配置决策。对荷兰家庭 2004 年 4 月至 2006 年 4 月的调查数据显示,投资者对股市收益的预期比实际获得的收益要悲观得多(Hurd et al.,2011)。但是,尽管不同家庭对股票回报的预期具有异质性,股票市场的参与率依旧随着对股票市场正向回报的预期而呈现单调增加情况,这个结论在富人和年轻人样本中一样稳健(Arrondel et al.,2014)。

2. 性别

在中国等国家,性别和与性别有关的文化规范在塑造家庭财务决策方面发挥着至关重要的作用。Li 等(2021)利用中国 2017 年家庭金融调查数据研究个体性别在股票参与决策中的影响,发现女性参与股票市场的可能性低于男性,这种性别差异取决于风险偏好、信任态度和过度自信。Almenberg 和 Dreber(2015)利用瑞典人口随机抽样的 1300 份数据讨论了股票市场参与中的性别差距与金融知识之间的联系。研究认为,一方面,女性在股票市场的参与度低于男性,主要原因是女性在金融知识方面得分较低,并在风险承担方面与男性差异明显;另一方面,区域性别比同样会影响家庭金融资产投资决策。魏下海和万江滔(2020)利用2013 年、2015 年、2017 年中国家庭金融调查数据研究性别失衡对家庭金融资产投资的影响。研究发现,区域性别失衡造成的婚姻挤压会传递给家庭,从而影响其经济行为和动机:有男孩的家庭更倾向于投资房产而不是金融资产。

3. 人格特征

(1)智商。Grinblatt 等(2011)采用芬兰的调查数据,研究个体智商与股票市场参与度之间的关系。在控制了总资产、收入、年龄和其他人口统计学变量及职业信息后,研究发现,个体智商显著影响了家庭金融市场参与决策。特别地,高智商的投资者更有可能持有共同基金和更多的股票,经历更低的风险,获得更高的夏普比率。

(2)人格特征。崔顺伟和王婷婷(2021)分析了开放性人格特征对金融市场参与的影响,发现家庭的价值观越开放,家庭参与金融市场投资的可能性越高,同时,收入正向影响开放性人格特征对家庭金融市场参与的影响。

4. 教育

Cole 和 Shastry(2009)利用 2004 年美国消费者金融调查数据讨论个体的教育水平对家庭金融市场参与的影响。研究显示,教育会显著影响家庭金融市场参与的决策。其作用机制是教育通过提升认知能力,进而提升市场参与度。Bertaut(1998)认为,更低风险厌恶水平、更高教育水平、更有财力的家庭更有可能在未来参与股票市场。中国的研究发现,户主的受教育程度每增加 1 年,家庭参与股票市场的概率增加 1.1%,风险资产投资占总金融资产比重增加 0.4%(韩淑妍,2020)。陈曦明和黄伟(2020)进一步指出,金融教育可以提高家庭金融素养,改善家庭风险偏好,从而提高家庭金融市场参与的意愿。

5. 住房因素

早期研究认为,购买房产挤压了年轻、贫穷的投资者的财富,他们持有股票的概率更低,且这种挤出效应在金融净值较低的情况下表现更明显(Cocco,2005)。因为房产增加了家庭资产流动性不足的风险,Chetty 等(2017)利用模型区分了购房带来的房屋价值增值与购房贷款导致的流动性不足对家庭金融资产配置决策的影响。研究发现,房屋的价值增值会增加家庭的股票持有,而贷款的增加导致持有股票的流动性资产大幅减少。段忠东(2021)基于 2015 年中国家庭金融调查数据,采用赫克曼(Heckman)两步估计法,研究我国城市家庭的住房拥有与金融资产配置之间的关系。结论显示,在既定家庭净财富水平下,较高的住房价值对家庭金融市场参与具有挤出效应,且 1 套房家庭的挤出效应超过多套房家庭、年轻和老年家庭的挤出效应超过中年家庭、净财富较低家庭的挤出效应超过净财富较高家庭。

对我国住房公积金影响家庭金融资产配置的研究显示,参与住房公积金可以显著提高家庭持有风险金融资产的概率及比重。住房公积金主要通过融资渠道降低融资成本、通过储蓄渠道降低居民预防性储蓄水平,从而提升家庭对金融市场的参与感(周华东等,2022)。段忠东和吴文慧(2023)利用 2019 年家庭金融调查数据指出,住房公积金能通过提升家庭收入水平和风险承担水平而优化家庭投资组合的有效性。

6. 主观幸福感

主观幸福感会影响家庭金融市场参与,但是其对家庭金融市场参与的影响关系在目前的研究中尚未得到一致结论。具体而言,首先,有研究认为,主观幸福感正向影响家庭风险资产持有。Rao 等(2016)研究发现,主观幸福感正向影响家庭购买股票与基金的行为,在拥有更高信任水平或社会资本的地区,主观幸福感对家庭金融市场参与的行为影响更大。其次,有研究认为两者之间不是单纯的线性关系。Cui 和 Cho(2019)利用2014 年中国家庭追踪调查数据研究发现,主观幸福感与家庭金融市场参与呈现非线性关系。当主观幸福感增加时,家庭参与风险市场投资的可能性增加,主观幸福感达到峰值后,家庭参与风险市场投资的可能性略有下降。肖忠意等(2018)认为农户主观幸福感的提升与股票市场参与的影响关系并不显著,其基本的作用机理是主观幸福感影响了风险偏好和创业行为,从而影响农户家庭金融资产参与概率和持有比重。最后,有研究发现,主观幸福感会降低家庭金融资产持有率。郝春锐和张迎春(2022)研究发现,家庭投资股票和其他高风险资产的概率与居民主观幸福感呈负相关关系,主观幸福感的提升降低了股票和其他高风险资产的配置比重,且这种作用在高收入家庭中更为显著。胡珺等(2019)采用中国综合社会调查的微观数据(CGSS),对中国家庭的金融投资行为和居民主观幸福感进行分析。研究发现,中国家庭金融投资行为会显著降低居民的主观幸福感,这种现象在东部地区家庭中表现明显。

7. 风险态度

金融风险容忍度通常被定义为人们在作出金融决策时愿意接受的最大回报的变化性(Hermansson & Jonsson,2021)。家庭的风险态度对预测家庭金融资产投资决策具有重要影响,更有可能使面临收入不确定性的个人表现出更高程度的绝对风险厌恶(Guiso & Paiella,2008)。在理想的投资组合最优解下,拥有更高风险厌恶水平的投资者更倾向于投资股票而不是债券(Lioui,2007)。然而,现实中,风险厌恶的投资者对金融资产的投资总额较少,风险偏好的投资者则相反,风险偏好的家庭能够推动家庭对金融市场的投资行为(卢亚娟和殷君瑶,2021)。李勇和马志爽(2019)研究发现,我国多数居民属于风险厌恶型,只有少数居民属于风险偏好型。此结构特征导致我国大多数家庭更倾向于投资低风险金融资产而不是高风险金融资产。但是,实证结果显示,我国家庭的风险偏好特征对家庭配置股票和债券的影响并不显著。家庭的风险厌恶水平会随着家庭财富的增加而降低(Zhang,2017),随着家庭金融素养的提高而降低(高彤瑶等,2022)。

8. 金融素养

已有文献强调金融素养对家庭金融资产配置的重要影响(Van Rooij et al. ,2011;Van Rooij et al. ,2012;Chu et al. ,2017;Andreou & Anyfantaki,2021;Fong et al. ,2021)。金融素养与家庭金融资产配置问题源于 Van Rooij 等(2011)的研究。利用荷兰银行(DNB)家庭调查中的问题,Van Rooij 等(2011)设计了对应调查家庭用户金融素养知识的两个模块,为后续衡量家庭金融素养奠定了研究基础。实证研究发现,大多数受访者具有基本的金融知识,但缺乏高级的金融知识。研究肯定了金融素养水平会影响家庭的金融决策,即金融素养水平低的人更不可能投资股票。Lu 等(2021)利用 2017 年和 2019 年中国家庭金融调查数据,研究能否通过提升家庭金融素养来提升家庭金融资产配置能力。研究发现,更高水平的家庭金融素养水平,将会导致家庭金融资产配置能力评估获得更高的分数。因为具有更高水平金融素养的家庭,会对经济与财经新闻更感兴趣,并更乐于向财经人士寻求专业投资知识。研究进一步发现,金融素养对家庭金融资产配置的积极影响在更富裕、更高教育水平、经济发展更繁荣的地区更明显。

已有研究肯定了金融素养是提升家庭净财富的有效路径。Behrman 等(2012)采用智利大学微数据中心与智利劳动和社会保障部联合研发的"社会保障调查"[①]中的 12 个问题,测度智利家庭的金融素养,发现金融素养显著地提升了家庭净资产及其组成部分。Van Rooij 等(2012)全面测度了金融素养,发现金融素养与净资产之间具有强烈的正相关关系。研究指出,金融知识是促进财富积累的两个渠道:一是金融知识增加了投资股票市场的可能性,因而个人能够从股本溢价中获益;二是金融素养与退休计划呈正相关,而制订储蓄计划可以增加财富。蒋长流和胡涛文(2023)采用中国家庭追踪调查数据,构建基本金融素养和高级金融素养测量指标,发现基本和高级金融素养显著正向影响家庭纯收入,且基本金融素养对家庭纯收入的正向影响更大。

研究进一步从金融素养增加投资股票市场的可能性角度展开。Chu

[①]"社会保障调查"官方网站:www. proteccionsocial. cl。

等(2017)利用2014年中国城市居民家庭消费金融调研数据,研究金融素养对家庭投资组合选择和投资回报的潜在影响。结果表明,金融素养水平较高的家庭,尤其是高级金融素养水平较高的家庭,更乐意将部分投资组合委托给基金经理进行投资。然而,对金融素养过度自信的家庭则倾向于自己进行投资,且他们的投资组合更可能是股票。研究同时认为,具有较高金融素养的家庭获得正投资回报的概率更大,这表明较高的金融素养可能会带来更好的金融结果。唐丹云等(2023)指出,金融素养的提升不仅能提高家庭拥有财产性收入的可能性,还能提高家庭财产性收入总额和财产性收入在家庭总收入中的占比。

从金融素养影响老年生活角度,Niu等(2020b)运用2014年中国家庭金融调查数据,区分基本金融素养和高级金融素养,考察中国家庭金融素养水平及其对家庭离退休规划的影响。实证结果表明,金融素养对我国民众退休准备的各个方面,包括退休财务需求的确定、长期财务计划的制订和个人养老保险的购买都有很强的正向影响。庄新田和汪天棋(2022)指出,提高金融素养可以显著促进家庭进行养老规划,该促进作用不存在城乡异质性,但对女性户主家庭影响更大。同时,金融素养水平越高,越可能选择社会养老、自我养老和多样化养老方式,选择家庭养老的可能性越小。

(二)家庭层面影响因素

文献考察家庭层面特征因素对家庭金融资产配置的影响问题。研究发现,首先,家庭财富和收入(Guiso et al.,2003)、家庭负债水平(Becker & Shabani,2010)、家庭年龄分布(Fagereng et al.,2017)等都会影响家庭是否参与金融市场和参与金融市场的深度。

从家庭财富与收入的角度,Guiso等(2003)通过欧洲主要国家(法国、德国、意大利、荷兰、瑞典和英国)家庭的微观经济数据,探讨国际持股差异在多大程度上可以归因于家庭特征的差异。研究发现,各国平均参与率的差异主要可由人口中相对富裕阶层的参与率差异来解释。家庭财富和收入水平的提升会增加投资者所拥有的资源。随着投资者资源的增加,其直接持股比例会迅速上升,曲线关系呈凸形,这表明参与者的收益在边际上随着投资者资源的增加而增加。Fang等(2021)利用中国家庭金融调查数据,研究财富积累效应对家庭风险承受能力的影响。研究发现,家庭财富积累能够显著提升家庭风险承受能力,这种关系随着年龄的增长而减弱。对于老年群体而言,曾经经历过的饥荒抵消了这种增强效应。同时,较高的地区信任水平有助于提高家庭抵御风险的能力。

其次,收入对家庭风险承受能力的提升作用在高收入家庭中,比中低收入家庭更显著。较高的风险承受能力有利于家庭参与金融市场。周才云和邓阳(2021)利用中国社会综合调查数据发现,富裕家庭参与风险性金融资产配置的可能性更大,但当家庭财富积累到一定程度之后,财富水平对家庭参与风险性金融市场的影响程度开始减弱。吴远远和李婧(2019)指出,中国家庭资产配置在财富水平不同的地区具有明显门限效应。其中,东部地区财富水平门限值明显高于中西部地区,财富水平对东部地区的边际影响大于中西部地区。

从随机财富分配角度,Briggs 等(2021)将 5 亿多美元随机分配给瑞典家庭,来确定家庭财富对家庭金融市场参与的影响。研究发现,财富与股票市场参与之间的正截面关系明显。同时,适度的参与成本可以使大多数参与决策合理化。研究同时指出,固定财务成本不太可能是股权市场不参与的原因。Briggs 等(2021)又进而研究了财富对股票市场参与的因果效应。利用瑞典家庭数据集中彩票奖金的随机分配来估计获得 15 万美元的意外收益,可以使获得彩票前的非市场参与者参与股票市场的概率增加 12 个百分点,但对获得彩票前的股票所有者没有明显的影响。研究认为,生命周期模型大大高估了进入率,对股票市场回报的信心是影响过度预测的主要原因。

从家庭负债角度,Becker 和 Shabani(2010)利用美国消费者金融调查数据研究家庭债务对家庭投资决策的影响。通过设立投资组合选择模型,研究发现,与没有抵押贷款债务的家庭相比,有抵押贷款债务的家庭拥有股票的可能性降低了 10%,拥有债券的可能性降低了 37%。在计算了存在各种形式家庭债务的情况下,研究发现,26% 的家庭应该放弃参与股票市场,因为他们支付的债务利率很高。

根据经典生命周期理论假说,家庭在各个年龄阶段都应该持有风险资产,且风险资产的持有比例不具有时变性(Merton & Samuelson,1992)。但是根据家庭在风险资产上存在有限参与的实证结果,经验数据指出,世界上大部分家庭在生命周期模型下的风险资产持有率均低于50%(Gomes & Michaelides,2002)。Benzoni 等(2007)通过建立劳动收入和股利是协整关系的投资组合模型,认为人力资本对于年轻个体而言,具有"股票"的特征,而对于老年个体而言,具有"债券"的特征,因此股票配置比例与年龄之间表现出"驼峰"形式。基于生命周期视角,Fagereng 等(2017)对挪威家庭进行了长达 15 年的大型长期随机样本研究,使用的数据来源于税务登记机关登记的家庭投资数据。研究发现,家庭的股票市场参与行为和股票投资组合份额都具有重要的生命周期模式。在所有年龄段,都表现出了有限的参与者,但在退休前后呈驼峰状。具体而言,年轻的参与者中,股票投资份额很高,持股比例保持平稳,但随着退休的到来,投资者开始减少股票投资份额。随着人们年龄的增长,数据体现出行为上的双重调整:在接近退休时重新平衡投资组合,减少对股票的投资,以及在退休后退出股市。现有的校准生命周期模型可以解释第一种行为,但不能解释第二种行为。

(三)外部环境影响因素

家庭的金融资产配置不仅取决于家庭自身的经济状况和风险偏好,还受到家庭所处国家的整体环境的影响。具体而言,政策、金融、经济等各种外部环境因素都可能对家庭的金融资产配置决策产生重大影响。宏观经济环境包括货币政策和财政政策、经济增长率、通货膨胀率等,这些因素可以通过多种途径影响家庭对未来的预期判断、对风险的态度及家庭面临的不确定性,从而影响家庭金融资产配置决策。

第一,宏观环境可以通过家庭对未来的信心(信念)与信息,影响家庭对未来的预期。Hodula 等(2022)以 21 个欧洲国家为研究对象,实证检验家庭所面临的宏观经济状况、家庭作为投资者和消费者的信心,以及家庭信贷需求之间的关系。研究指出,有利的宏观经济条件,加上乐观的消费者信心,导致家庭倾向于将最近和当前的宏观经济趋势推断到未来,过高估计有利或不利经济条件的持续时间。新冠疫情对股票市场的冲击,影响了家庭对退休年龄、期望工作时间和家庭债务的预期。同时,家庭对股票市场复苏持续时间的信念影响了家庭对自身财富、计划投资决策和劳动力市场活动的预期(Hanspal et al.,2021)。Roth 等(2022)采用实验方法进一步指出,家庭对宏观经济信息的需求取决于其预期收益。在经济衰退期间,个人面临更高失业风险的受访者增加了对专家预测经济衰退可能性的需求。但家庭对其总体波动风险的了解并不完全,导致他们对获取宏观经济信息的看法不全面。

第二,宏观环境会影响家庭金融风险承担。Malmendier 和 Nagel (2011)使用美国家庭数据指出,在人生中经历过低股票市场回报的个人表现出更低的承担金融风险的意愿,对未来股票市场表现得更悲观,更不可能参与股票市场,将持有更少的股票投资。Ampudia 和 Ehrmann (2017)继续对欧洲家庭进行同样的实证检验,发现在股票市场有更好经验回报的家庭更愿意承担金融风险,并增加他们的股票市场参与。研究进一步指出,股市繁荣会在一定时间内提高家庭金融市场参与率,而股市崩盘会持续影响家庭不再参与股票市场。West 和 Worthington(2014)分析 2001—2010 年澳大利亚家庭收入和劳动力动态(HILDA)调查数据后发现,宏观经济环境与教育水平、财富水平、身体健康与就业状态共同影响家庭对金融风险的态度。

第三,宏观环境的不确定性会影响家庭金融资产配置决策。Waqas 等(2015)讨论了中国、印度、巴基斯坦和斯里兰卡四个国家宏观经济因素与外国证券投资波动的关系。研究认为,东道国高利率、货币贬值、外国直接投资、低通胀率和高 GDP 增长率可以保障国际投资组合流动波动性维持较小水平。刘逢雨等(2019)采用中国经济政策不确定性指数作为解释变量,研究中国经济政策不确定性对家庭金融资产配置的影响。研究指出,经济政策不确定性减少了家庭参与金融市场的概率,家庭出于预防性动机会显著降低风险资产在家庭金融资产中的比重。邢大伟和管志豪 (2020)采用中国家庭追踪调查 2010—2018 年面板数据指出,经济政策不确定性对居民家庭参与金融市场和金融市场的参与深度均表现出显著负向影响,而股票市场波动性显著正向影响居民家庭参与金融市场及参与深度。研究进一步指出,经济政策不确定性的下降提高了股票市场波动性对家庭参与金融市场及参与深度的促进作用。Antoniou 等(2015)研究发现,在控制其他变量的基础上,股票市场的不确定性增加将会削减投资者对权益基金的持有。Coibion 等(2021)在对欧洲家庭的调查研究中同样发现,宏观经济不确定程度越高,家庭越会减少投资共同基金的倾向,从而对经济结果产生巨大负面影响。

第四节　社交网络与家庭金融资产配置

一、社交网络影响家庭金融资产配置的因素

(一)个人因素

已有文献从个人社交网络角度,分析影响家庭金融资产配置的主要因素,包括个人工作岗位、工作单位类型、政治面貌等因素。Hong 等(2004)率先提出社会交互对家庭金融市场参与的影响,对样本区分黑白人种、教育层次、家庭财富水平进行研究。研究发现,家庭财富水平高于平均水平的受教育白种人家庭社会交互对家庭金融市场参与的积极影响是普通家庭金融市场参与影响的二倍。Changwony 等(2015)探究了弱关系与强关系影响下社会参与对家庭金融市场参与的影响,研究发现,个人的信任水平、宗教信仰与政治身份认同感都会影响家庭金融市场参与决策。研究进一步指出,个人对社会交互的参与,比如玩麻将、棋牌,或者去社区俱乐部,参加体育、社交或俱乐部活动,提供无偿帮助、参加慈善活动、个人的党政身份、礼物支出、外出吃饭支出、娱乐支出、通信支出、交通支出等都会影响家庭金融资产配置决策(Liu et al.,2014;Hu et al.,2015)。

(二)社区因素

社区因素通过社会互动的社会乘数效应,影响家庭金融市场参与。大量研究从口碑效应与社区同伴效应角度进行探索。Brown 等(2008)研究发现,社区内的口碑效应会显著提升家庭金融市场参与率,如果社区邻居增加股票市场参与率 10 个百分点,那么投资者加入金融市场的概率将会增加 4 个百分点。Kaustia 和 Knüpfer(2012)从同行绩效角度探索社区内股票回报对个人金融市场进入决策的影响。研究发现,现有金融市场投资者的正收益与社区邻里的股市参与相关。Ouimet 和 Tate(2020)利用员工

股票购买计划的独特数据,研究同事关系网络对投资决策的影响。研究发现,同事的公司股票购买计划会影响员工自己关于是否参与或交易公司股票的决定。其中,拥有更多信息的员工,放大了同伴网络效应的影响。

表 2-1 从社交网络类型、社交网络变量、研究方法、研究结论与样本国家五个方面总结了社会交互、社会网络与家庭金融资产配置方面的相关文献。

表 2-1　社会交互、社会网络与家庭金融资产配置相关文献

作者(年份)	社交网络类型	社交网络变量	研究方法	研究结论	国家/地区
Wenyan & Gooi(2023)	社会支持	无形支持、有形支持	Probit 回归模型	无形支持与有形支持积极显著影响家庭金融市场参与决策	中国
Nyaku-rukwa & Seetharam (2022)	社会交互	社会网络变量:Stokvel 的会员,男子协会会员,女子协会会员	Probit 回归模型和 OLS 回归模型	只有男子协会会员显示出与金融市场参与决策的显著相关性,其他两个变量与金融市场参与决策无显著相关性	南非
Nathanael & Nainggolan (2022)	社交媒体平台	社交网络平台:SNS、YouTube、Twitter、Instagram、Facebook	Logit 回归模型	社交网络平台与在线社会交互提升了金融市场参与的可能性。Instagram、Twitter、YouTube 和 Telegram 可以提升家庭金融市场参与,但是 Facebook 不可以	印尼
Hermansson et al. (2022)	个人所处的社交网络	私人关系网络:家庭与伙伴关系;财务顾问:商业银行;媒体:电视、纸质报纸、在线新闻网站和官网、社交媒体	Logit 回归模型	媒体可以显著正向提升家庭金融资产参与决策,但是私人关系网络与财务顾问不可以	瑞典
Li et al. (2020)	大学校友关系网	结构洞	多元回归	人际关系的结构洞更强,连接着更高回报的股票对冲基金	中国
Ouimet & Tate (2020)	伙伴网络	同事在伙伴群体中做出的平均选择	面板数据回归	同事的公司股票购买计划会影响员工自己关于是否参与或交易公司股票的决定	美国

续表

作者(年份)	社交网络类型	社交网络变量	研究方法	研究结论	国家/地区
Gao et al.(2019)	社交交流	每万人规模以上餐饮企业数、每人每年短信数、按历史参与模式加权平均收益	面板数据回归	社交交流对股票市场参与的刺激作用改变着股票市场参与率，并在牛市期间对高收入、高学历、高人口密度的人群表现更为突出	中国
Cheng et al.(2018)	社会网络	结构化社会资本（社交互动）、社会关系（信任）、认知、社会资本（共同愿景）	概念框架	在基于技术支持的平台上，社交网络影响家庭金融市场参与决策	中国
Liu et al.(2018)	省份层面的社区效应	人均GDP、平均教育水平、人口净流量、性别比例	空间误差模型	相邻省份之间相互影响股票市场参与率、人均GDP正向影响股票市场参与率、人口净流入负向影响股票市场参与	中国
Hu et al.(2015)	社交网络	兄弟数量、党政身份、工作职务、工作单位性质、礼物支出、外出吃饭支出、娱乐支出、通信支出、交通支出	Probit回归模型和Tobit回归模型	社交网络与金融市场参与及部分风险资产持有呈正相关关系，通过降低成本，获得广泛的信息与更好的风险承担	中国
Liang & Guo(2015)	社交互动	社区内访谈的回复率、一个家庭中现金礼物支出金额、家庭的通信费用	Probit回归模型和OLS回归模型	社会互动正向影响家庭金融市场参与，社会互动会产生乘数效应	中国
Changwony et al.(2015)	社交活动	与邻居交谈、积极参与社会团体、信任大多数人、宗教信仰与政治身份产生的认同	Probit回归模型	社会参与的弱关系连接对股票市场的参与率有积极正向的影响，而强关系连接没有影响	英国
Pool et al.(2015)	社会交互	管理者之间的距离在2.6英里(4.1843千米)以内(邻里)，管理者之间的距离在50英里(8.0467千米)以内	OLS回归模型	相互有社交联系的基金经理有更多相似的投资与交易	美国

续表

作者(年份)	社交网络类型	社交网络变量	研究方法	研究结论	国家/地区
Li et al. (2014)	家庭网络关系	人口和经济特征,调查频次变量,家庭成员滞后期股市参与和退出情况	Logit回归模型	家长或子女进入股票市场会增加家庭投资者进入市场的可能性。金融知识在大家庭成员之间分享传播	美国
Liu et al. (2014)	现代社会交互	朋友交互,玩麻将、棋牌,或者去社区俱乐部,为不与你共同居住的家庭成员、朋友或邻居提供无偿帮助,参加体育、社交或其他俱乐部,参加社区组织,参加慈善活动,关心不与你同住的生病或残疾的成年人并提供无偿帮助,参加教育或培训课程,住所是否有电话,住所是否有网络,过去一个月是否使用网络	分组分析和线性回归	传统和现代的社会互动指标均会显著正向影响股票市场参与	中国
Kaustia & Knüpfer (2012)	本地伙伴关系	社区邻里内股票收益	面板数据回归	现有金融市场投资者的正收益与社区邻里的股市参与相关	芬兰
Georgarakos & Pasini (2011)	社交家庭	社交家庭定义:家庭成员中至少有一位在面试前参加过以下一项社交活动:志愿者或慈善工作、教育或培训课程、体育、社交或其他类型的俱乐部、由政治或社区团体组织的活动	Probit回归模型	社交家庭及那些在信任程度更高的地区的家庭更有可能参加股票市场	欧洲

作者(年份)	社交网络类型	社交网络变量	研究方法	研究结论	国家/地区
Brown et al. (2008)	社区网络关系	非本地社区成员的出生所在地的平均股权所有权	面板回归	当本地的社区成员中有更多的股票市场投资者时,个人更容易加入股票市场投资。股票市场参与存在显著的因果社区效应	美国
Hong et al. (2004)	社交互动	认识邻居、拜访邻居、去教堂做礼拜、风险忍受程度、抑郁、低科技能力	OLS回归模型	更愿意社交的家庭,其参与股票市场的概率越高,同伴效应存在于州之间	美国

二、社会互动与家庭金融资产配置

(一)社会互动

社会互动是指个体在其偏好、期望和约束方面受到其他个体特征和选择的直接影响,从而产生行为上的相互影响和彼此依赖的现象(Durlauf & Ioannides,2010)。社会科学通过社会网络来分析和研究社会互动,通过调查个体与其他行动者之间的关系进行社会互动分析(Freeman,2004)。经济学视角的社会互动将代理人概念视为决策者,被赋予偏好、形成期望并面临约束。偏好可以通过效用函数、主观概率分布,给出表达,约束通过选择集合给出表达。代理是彼此交互的单元,包括个人、公司和其他实体,是可以作为决策者的存在(Manski,2000)。

在社会互动视角下,个体行动者的行为决策不再是独立的,而是取决于自身特征和所处环境特征,同时还受到参照组中其他个体行为的影响(方航和陈前恒,2020)。社会互动对个人决策产生的影响可以分为三种:(1)偏好互动(Preference interactions),即个人偏好受其他人选择行为的影响,比如消费行为中的从众效应。具体还可以分为正向影响的攀比效应(Bandwagon effect)和负向影响的虚荣效应(Snob effect)。(2)期望互动(Expectation interaction),即其他人的选择影响到个人预期进而影响到个人行为。在信息不对称和不确定的环境下,为提高决策质量,人们往往通过其他人的信息与选择来形成自己的先验信息,从而作出最优决策。(3)约束互动(Constrain tinteraction),指选择集合的相互依赖而导致的互动效应,当选择集合相互排斥时,会产生负向互动效应。当选择集合互补时,会产生正向互动效应(许文彬和李沛文,2022;方航和陈前恒,2020)。

大量研究从社交网络层面探索影响家庭金融资产配置决策的主要因素。其中,社会互动和同伴效应是影响家庭金融资产配置决策的重要因素(Gomes et al.,2021)。因此,在本书语境中,社会互动会影响家庭经济行为,家庭作为金融资产配置的决策者,他们的偏好互动、期望互动和约束互动会受到其他参考群体成员特征的影响(He & Li,2020)。其中,其他参考群体成员是指邻居、友人、学校、公司或性别、种族和宗教团体(Blume et al.,2011)。

大量研究指出,社会互动会对家庭各种财务决策活动产生影响,影响包括个人/家庭本地房地产投资(Bailey et al.,2016)、投资组合配置决策(Hvide & Östberg,2015)、退休储蓄决策(Beshears et al.,2015)、福利支出态度(Luttmer,2001)、员工股票购买(Ouimet & Tate,2020)和保险购买决策(Cai et al.,2015)等。本书在此特别关注社会互动如何影响家庭金融资产配置决策,其中,社会互动主要是指在线社会互动。

(二)在线社会互动

互联网和技术的发展催生了在线社会互动,这种交流发生在以网络为媒介的环境中。已有研究对现代技术中的社会互动进行广泛分类。比如,Szuprowicz(1995)将在线社会互动分为三种类型:用户与用户互动、用户与信息互动和用户与计算机互动。Hoffman 和 Novak(1996)将计算机媒介环境中的互动分为两种互动形式,即直接互动和间接互动。前者指的是通过媒介的互动性,而后者指的是与媒介的互动性。这里的互动性被定义为两个或多个通信方可以交互的程度、通信媒介和信息受到影响的程度,以及这种影响同步的程度(Liu & Shrum,2002)。Johnson 等(2006)从行为交互性出发,解释交互性的基准测试。认为交互性的一般概念可以将交互分为两种类型:一种是有中介的、基于技术的互动;另一种是无中介的面对面互动。

随着互联网的快速发展和普及,全球各地的人都能够通过网络平台实现互联互通,无论是文字、图片还是视频等各种形式的信息都能够在瞬间实现相互传递。人们可以通过社交媒体、即时通信应用或电子邮件等方式进行相互交流和联系。在线社会互动为用户提供与他人互动的机会,包括分享信息、表达意见、作出承诺和提供帮助等(Best & Krueger,2006)。在线社会互动可以通过网络的弱关系,为管理者提供对决策有用的信息(Park et al.,2014)。

在线社会互动模式由两部分组成。首先是用户互动,包括由技术促成的用户与用户之间的交互;其次是机器互动,也被称为用户与信息的交互,属于用户与技术产生的互动(Hoffman & Novak,1996)。

综上所述,本书将在线社会互动分为用户与用户互动和用户与信息互动两部分。其中,用户与用户互动强调人与人之间的沟通和交流,而用户与信息互动强调用户通过技术手段进行沟通和交流(Stromer-Galley,2004)。

(三)社会互动与家庭金融资产配置问题

以往研究指出,社会互动与家庭金融资产配置之间存在正相关关系。最早是 Hong 等(2004)根据美国健康与退休调查研究(HRS)的数据发现,有社会关系的家庭参与股票市场的概率更大。Brown 和 Taylor(2010)用英国的数据实证研究了社会互动与家庭金融市场参与之间的关系。研究显示,社会互动与股票市场参与之间具有正相关关系。Liu 等(2014)通过研究中国县城的数据发现,社会互动对股票市场参与度及其活跃度具有正向影响。研究同时指出,与传统社会互动方式相比,现代社会互动方式对股票市场参与及其活跃程度同样重要。

然而,最近的研究质疑社会互动在促进金融资产配置方面的积极作用。Hermansson 和 Jonsson(2021)利用瑞典家庭调查数据研究社会互动的学习渠道对家庭金融资产配置的影响。结果表明,媒体是社会互动唯一的学习渠道,家庭可以通过该渠道来增加其持有股票的可能性和投资股票组合的份额。研究认为,参与媒体社会互动的个人更有可能获得金融知识并提高他们的金融决策。此外,研究还指出,私人网络和财务顾问对社交网络的学习渠道没有显著影响。Nyakurukwa 和 Seetharam(2024)使用在南非进行的一项全国性调查的数据来研究社会互动与股票市场参与之间的关系。研究结果显示,集资互助组(Stokvel)会员关系和女性协会的会员关系不会影响股票市场参与决策,而男性协会的会员资格与股票市场参与决策呈正相关。结果表明,社会互动与股票市场参与之间的关系在与不同类型社会群体产生的不同网络关系中,表现并不一致。

总体而言,已有研究从多个方面展开对社会互动影响家庭金融资产配置的分析,研究不断提升社会关系网络的研究深度,深入探索其对家庭金融资产配置的影响。

三、社会互动与家庭金融资产配置影响机制

从实证研究的角度,社会互动效应可以分为三种:(1)内生互动效应(Endogenous effect),即行为本身的相互影响,个体行为受到参照组中其他个体行为的直接影响。(2)外生互动效应/情境效应(Contextual/exogenous effect),即他人的行为特征对个体行为的影响,个体行为受到参照组的某些经济社会特征的影响。(3)关联效应(Correlated effect),即个体行为与参照组中他人决策的一致性,一般由相互间相似的个体特征和共同面临的环境所导致(Manski,2000)。比如,在现有会员邀请下才能加入的投资计划中,投资信息的扩散与投资理念的接受不仅受到社交网络中个体之间关系的影响,同时受到邀请者的年龄、教育程度和收入的影响(Rantala,2019)。

那么,社会互动是如何影响家庭金融资产配置的呢?本书从社会互动的三个直接效应:内生互动效应、外生互动效应/情境效应、关联效应展开论述。

(一)内生互动效应

内生互动效应意味着个体的决策会受到群体行为的影响。如果家庭发现社交网络中的其他家庭参与金融市场,那么他们也会加入市场。内生互动效应可以通过多种机制发挥作用,包括口碑效应、交流带来的愉悦及社会规范(He & Li,2020)。

第一,家庭可以通过口碑效应得到有效的社会学习(Social learning),使社交网络中的所有参与者的行为效用高于平均水平(Ellison &

Fudenberg,1995)。对于家庭金融市场参与问题,潜在参与金融市场的家庭可以学习已经参与金融市场并获得成功的家庭的经验和操作技巧,获得金融市场参与相关信息,从而降低参与的固定成本,提高金融市场参与率(Hong et al.,2004)。Ivković和 Weisbenner(2007)研究家庭与其邻居购买股票之间的关系,发现邻居购买某一行业股票的比例每增加 10 个百分点,家庭购买该行业股票的比例就会增加 2 个百分点,其主要原因是口碑效应。Brown 等(2008)研究个人家庭与社区家庭平均金融市场参与之间的因果关系。研究指出,当社区中家庭参与金融市场的概率增加 10 个百分点时,个人家庭参与金融市场投资的概率将增加 4 个百分点。研究通过社会交互验证口碑效应是驱动这种因果关系的原因。特别是,在社会交互性更强的社区,社区家庭与个人家庭之间的因果关系更强。不过,也有研究认为口碑效应的影响是有局限性的。Bönte 和 Filipiak(2012)利用印度种姓这种独特的社交网络,调查社会群体中与社会群体间的社会互动对印度家庭金融市场参与的影响。研究认为,口碑效应的影响范围是局部的,因为信息倾向于在地理上接近的个人之间进行交互。因此,落后种姓的存在会影响该区域个体获得金融知识,导致群体意识不强。

第二,个体可能与群体从基于共同兴趣的交互中产生愉悦,从而导致个体决策受到群体行为的影响(Becker,1991)。对于加入股票市场的家庭而言,与同样是市场参与者的伙伴进行交流,会带来谈论股票这一共同话题的乐趣(Hong et al.,2004)。人们更乐意与他人分享自己获得股票收益的成功经验,而社区中更多人在股票市场获得积极收益的消息将会间接影响家庭投身于金融市场(Kaustia & Knüpfer,2012)。人们在牛市中获得的累计股票收益会在社会交互更强或社会传播成本更低时传播更广,从而吸引更多新投资者加入金融市场(Liu et al.,2018)。

第三,个体的决策会因为社会规范机制,即"攀比效应",而受到同伴行为的直接影响。比如,个体可能会通过比较自己的消费与同伴的消费产生偏好差异,导致个体去模仿他人的消费模式,形成"攀比行为"。或者个体担心错过某一项特别有吸引力的投资,从而积极效仿他人的投资决策(Kuchler & Stroebel,2021)。从家庭金融市场参与决策来说,当社会群体具有更高的金融市场参与率时,个体为了遵循群体的社会规范,会因此决定投资股票市场(Brown et al.,2008)。Al-Awadhi 和 Dempsey (2017)研究指出,投资者更倾向于投资符合他们社会规范标准的股票类别。在伊斯兰宗教社会中,与伊斯兰股票相比,非伊斯兰股票表现出相对地被忽视、回报率更高,但流动性更低的特征。Liu 等(2018)从微观角度探索了中国省级股票市场参与的邻里效应,研究发现,相邻省份的参与行为可以直接或间接地相互影响。Bayer 等(2021)指出,新投资者被吸引进入美国房地产市场的原因是他们受到了社区多种形式投资活动的影响,但这些新手投资者在很多方面与其他投资者相比,都体现出表现不佳的状态。

(二)外生互动效应/情境效应

外生互动效应/情境效应(Contextual/exogenou seffect),指个体某种方式的行为倾向随着群体成员的外生特征而发生变化(Manski,2000)。外生互动效应会使得新进入家庭不愿意加入金融市场,原因是已有家庭在金融市场中所经历的普遍存在的亏损案例(Liang & Guo,2015)。Kaustia 和 Knüpfer(2012)指出,社区邻里的股票市场收益每增加 1 个标准差,社区内新投资者进入股票市场的概率将提高 9—13 个百分点。同时,研究发现,亏损的股市回报并不会影响新投资者进入市场,这与人们更愿意谈论在股市愉快的经历有关。在股票市场参与率高的地区,社区邻里回报的正向效应更强,这种放大效应与更多的同伴学习效应是一致的。Li(2014)研究家庭中父母对子女和子女对父母的双向信息交流是否会影响家庭金融市场参与。研究发现,在五年内,如果家庭中的父母或者孩子加入了金融市场,那么家庭进入金融市场的概率将会增加20—30 个百分点。研究认为,家庭网络间的信息共享及家庭相似的偏好是导致类似投资行为的原因。

(三)关联效应

关联效应(Correlated effect)强调同一群体中行动者相互之间的行为的一致性,即相同群体具有相似的特征或面临相似的制度环境(Manski,2000)。已有文献控制固定效应以解决相关的不可观测因素,一般在实证研究中,很少讨论这种影响关系(Hvide & Östberg,2015;He & Li,2020)。

本章小结

家庭金融资产配置是家庭金融研究的重点。本章第一节从投资者非理性行为研究出发，讨论社会经济学、心理学对传统经济学理论的修正与探索，对理性、有限理性、非理性进行阐述，描述由于个体行为偏差导致个体经济决策与经济理论之间产生的差异，包括过度自信、模糊厌恶、后悔厌恶、损失厌恶、前景理论。因此，第一节为家庭金融市场有限参与之谜的研究提供了理论基础。

在理论铺垫后，本章第二节介绍目前数智化发展的理论脉络。首先，介绍人机协同工作和图形用户界面的概念框架。其次，研究关注以计算机为中介的人机交互和人与机器的交流互动，最终实现数智化时代下的人机深度对话。最后，第二节介绍了人机交互对家庭资产配置问题的现有研究，并指出数智化发展已成为影响个体投资决策的重要因素。

本章第三节介绍当前家庭金融的主要研究内容。首先，本章对家庭金融资产配置理论研究展开论述，重点介绍现代资产组合理论、流动性偏好理论与金融市场有限参与之谜，旨在为家庭金融资产配置问题的分析做好理论铺垫。其次，第三节总结归纳目前已有研究对家庭金融资产配置影响因素的研究，并从个体层面影响因素、家庭层面影响因素与外部环境影响因素三个方面展开论述。

本章第四节介绍从社交网络角度对家庭金融资产配置研究进行的探索。首先，从个人因素、社区因素两个角度探索社交网络对家庭金融资产配置的影响。其次，从社会互动、在线社会互动及社会互动与家庭金融资产配置问题三个方面介绍了社会互动与家庭金融资产配置之间的关系。最后，围绕"社会互动是如何影响家庭金融资产配置"这一问题，综述社会互动对家庭金融资产配置的影响机制，包括内生互动效应、外生互动效应/情境效应和关联效应。

第三章 在线社会互动对家庭金融资产配置的影响分析

随着互联网数字技术、人工智能及信息交互技术的不断进步,第一阶段的"数字智慧化"逐步被第二阶段的"智慧数字化"取代,渐渐地步入第三阶段的人机深度对话。在家庭金融资产配置领域,第二阶段与第三阶段数智化信息互动对家庭金融资产配置的影响越来越大,为家庭投资决策带来新的思路。第三阶段的数智化可以基于人机交互形成深度对话,从过去有经验的交易与数据中进行学习,打造新的互动关系与生态逻辑。因而,本章从第三阶段数智化角度出发,对在线互动影响家庭金融资产配置决策展开分析。本章首先进行理论分析,介绍基本的模型框架及其对应的因变量、自变量和控制变量;其次构建基本模型,对在线互动影响家庭金融资产配置决策进行 Probit 和 Tobit 实证回归分析;最后从三个角度对研究进行稳健性检验,获得更稳健有效的研究结论。

第一节 理论分析

家庭金融资产配置问题日益受到理论研究的重视,社会资本在家庭金融中的作用主要体现为履约保证和信息扩散(吴卫星等,2015)。第一,社会互动作为社会资本的衡量标准之一,可以通过社交网络中的口碑效应与观察学习渠道,通过信息传递功能,影响家庭金融资产配置决策(Hong et al.,2004)。在不产生任何成本的情况下,家庭获得有价值的金融知识的能力,有助于社会网络对家庭投资决策过程产生影响(Banerjee,1992)。Liang 和 Guo(2015)探索家庭社会互动与互联网接入两条信息获取渠道对家庭金融市场参与的影响。实证研究发现,接入互联网的家庭中,社会互动对家庭金融市场参与的影响概率降低了 6 个百分点。因此,研究认为,互联网可以作为信息交互渠道影响家庭金融市场参与决策。

第二,家庭通过共同交谈和信息扩散来学习或观察其他家庭的投资经验,从而影响家庭的金融资产配置决策。社区内家庭的近期金融资产投资回报会影响家庭对金融市场进入的决策,特别是人们很少谈论产生不良后果的决策,而更可能传播股票市场成功经验的好消息(Kaustia & Knüpfer,2012)。社区内家庭间的交流会带来共同话题,产生"交流愉悦性"(Hong et al.,2004)。因此,更多的家庭会通过同伴效应了解股票市场,并尝试参与市场,跟随社区其他家庭的成功经验,获得交谈与分享信息的乐趣。

随着互联网技术的快速发展,社会互动已经从线下面对面互动转向更多的在线(技术中介)互动。一方面,在线社交秉承线下社交的功能和效果,体现为一种有效的信息交换渠道,从而通过信息的交互影响投资决策(Jing & Zhang,2021)。另一方面,在线社交也有其自身的特点。一是在线社交的信息传播范围更为广泛。信息可以通过网络到达多个接收者,而不用考虑物理距离,不用在意是否与对方相识。二是交流形式更为多样,可以从线下的口头交流转变为在线的信息、语音、视觉交流等不同交流形式。三是广泛的信息数据可以在网上共享。四是在线社交的时间更为灵活,为用户提供了对内容、收件人、共享消息的使用和社交互动的时间等方面的灵活性(Gershoff & Mukherjee,2015)。

因此,在线社交互动的感知参与成本较低,可以以生动的形式提供更多的信息,并为家庭参与金融市场提供更宽松的时间、距离、身体状况等灵活性。本书认为,在线社会互动在与线下社会互动保持一定程度一致性的基础上,在信息交互与沟通互动方面具有独有的特征,导致其对家庭金融资产配置决策造成影响。

已有研究从数智化信息技术的使用出发,对家庭金融资产配置行为进行研究,研究主要集中在互联网金融、数字金融、数字普惠金融、移动支付及金融科技等数字技术的应用对家庭金融资产配置行为的影响。比如,华怡婷和石宝峰(2022)利用中国家庭金融调查数据,以家庭是否拥有智能手机或电脑作为工具变量进行面板数据回归,研究互联网使用对农村家庭金融市场参与行为的影响。研究发现,互联网使用能通过提高金融知识或金融信息关注度,来显著促进农村家庭参与金融资产配置,其中家庭成员的受教育程度、家庭收入水平的影响具有异质性。强国令和商城(2022)使用 2017 年中国家庭金融调查数据实证研究数字金融对家庭财富积累、财富不平等的影响,研究发现,数字金融能显著促进家庭财富积累,但在家庭财富规模、年龄、教育程度、家庭收入水平、户口、城乡等方面存在家庭异质性。董婧璇等(2022)通过 2019 年中国家庭金融调查数据指出,移动支付通过提高金融知识水平、提高财产性收入水平、缓解流动性约束等提升家庭金融资产配置的多样性和有效性。褚月和宋良荣(2022)运用中国家庭金融调查数据,通过分析互联网使用及第三方支付使用情况,发现互联网的使用、第三方支付的使用会促进家庭金融市场参与。

综上所述,目前针对在线社会互动对家庭金融资产配置影响的研究主要集中在第二阶段数智化对家庭金融资产配置行为的影响,即数字技术会影响金融服务,进而影响家庭金融资产配置决策。随着 21 世纪全球信息化迈向智能化发展,智能化成为认知领域的现代化,是信息主导的网络中心向认知主导的算法中心的转变。算法将机器学习和人工赋能的知识相结合,生成判断和决策来驱动行为,达到第三阶段"数智化"。本书认为,第三阶段的数智化不仅具有线下面对面交互的信息传递功能、学习功能,以及交流带来的乐趣,同时基于人机深度对话,形成新的逻辑与生态关系,从而对家庭金融市场参与带来积极的影响。

第二节　变量选取与描述性统计

一、因变量选取

为探究家庭金融资产配置问题,参考以往研究的做法,本书选取家庭风险金融市场参与、家庭风险金融资产占比两个变量作为因变量(Niu et al. , 2020a;He et al. ,2019;Cooper & Zhu,2016)。第一,风险金融市场参与作为因变量,它是一个虚拟变量,主要衡量家庭是否通过风险金融市场直接或间接持有股票。如果家庭直接或间接通过风险金融市场持有股票,则该变量的值为1,否则为0。在此,风险金融市场产品包括基金、金融产品、衍生品、非人民币资产和其他金融资产。此衡量方法排除了与养老金计划相关的金融市场参与情况。第二,风险金融资产占比作为因变量,它衡量家庭进入金融市场后,利用风险金融资产占金融总资产的比例,来判断其对金融市场参与的深度(Hong et al.,2004;Niu et al. 2020a;Gao,2019;Guiso et al.,2008)。

二、自变量选取

本书关注的解释变量是在线社会互动,需要满足信息的多维传递、交流的多样形式、数据的共享互联、交流的灵活便捷等特征(Gershoff & Mukherjee,2015),因此,利用2017年中国家庭金融调查问卷设计如下问题:

532.[C8001e]您目前主要利用网络进行以下哪些活动?(可多选)

1. 社交(微信/QQ等聊天,逛贴吧等)

2. 了解资讯

3. 购买产品

4. 销售产品和服务(除了包含卖农产品和服务外,也包含应聘找工作、发布出租房屋广告、发布民间贷款广告、网上拍卖等)

5. 娱乐(玩游戏、听歌、看电影/电视剧等)

6. 其他(请注明)

如果家庭回答"社交(微信/QQ等聊天,逛贴吧等)"或"了解资讯",则在线社会互动变量的值为1,否则为0。样本选择范围为使用过互联网的家庭。通过问卷对问题进行筛选:

529.[C8001b]您使用过互联网吗?(若受访者上过网或会使用一些App等,则认为其使用过互联网)

1. 是　　　　2. 否

样本数据的选择遵循以下原则:第一,只有使用过互联网的家庭,才具有进行在线社会互动的基础。第二,根据已有文献将在线社会互动分为用户与用户互动及用户与信息互动,其中,用户与用户互动描述了在线人与人之间的交互,如果家庭回答"社交(微信/QQ等聊天,逛贴吧等)",则其数值为1,否则为0。用户与信息互动描述用户与信息技术的交互,若对应家庭回答"了解资讯",其数值为1,否则为0。

三、控制变量选取

控制变量的选取与已有文献保持一致。第一,参考个人和家庭特征进行变量的划分与选择。依据个人与家庭特征,基本变量包括所在家庭规模、性别、年龄、年龄平方、教育程度、职业和收入。其中,年龄、年龄平方和收入变量以对数形式表示户主的年龄和收入。省际差异的结果反映在省际虚拟变量中(Gao et al.,2019;Fang et al.,2021)。此外,还增加农村虚拟变量来控制城乡差异,包括城乡层面在信息技术发展、社会经济和金融服务方面的差异(Sui & Niu,2018;Zou & Deng,2019)。

第二,根据社会性的自我评价对相关变量进行控制。首先,健康是影响家庭个人开支的重要因素,它衡量家庭户主自我评估的身体状况,如果家庭户主的健康状况不佳,则会减少家庭劳动收入,增加未来的不确定性,缩短个体生命进程的规划(Cardak & Wilkins,2009)。其次,婚姻是与自我意愿有关的选项,它涉及家庭关系中更广泛的资源共享和更全面的共同责任(Fong et al.,2021)。通过家庭婚姻的虚拟变量来记录家庭是否拥有婚姻关系。

第三,信任和社交因素是社会资本文献中反复出现的、对股票市场参与有显著影响的概念(Georgarakos & Pasini,2011),因此,本章对这些变量进行控制。通过设定"信任"控制变量,根据信任水平由强到弱,设置数值"5-1"来衡量家庭信任水平,其中"5"代表"非常信任","1"代表"非常不信任"。参考问卷问题:

925.[H3380]您对不认识的人信任度如何?

1.非常信任　　　2.比较信任　　　3.一般

4.不太信任　　　5.非常不信任

第四,考虑社交因素,Rao等(2016)认为,社会互动会影响家庭幸福感,而家庭幸福感会影响投资于股票的财富份额。为了控制个体幸福感对家庭金融资产配置的影响,本书使用"幸福"作为控制变量,根据个体感受到的幸福水平由强到弱,设置数值"4-1"来衡量家庭幸福感,其中"4"代表"非常幸福","1"代表"不幸福"。参考问卷问题:

927.[H3514]总的来说,您现在觉得幸福吗?

1.非常幸福　　　　2.幸福　　　　3.一般　　　　4.不幸福

第五,本书没有对样本数据中的风险承受能力进行控制,客观原因在于样本数据不足,更为主要的是,Hong 等(2004)指出,在美国样本数据集中,风险承受能力的表现与社会变量有着根本的不同。

第六,本书还控制了线下社会互动变量,以获得对在线互动影响的无偏估计。由于个人偏好或个性,偏好在线社会互动的人,也可能在线下社交中更为活跃。有文献表明,线下社会互动对家庭金融市场参与有积极作用(Liang & Guo,2015;Hong et al.,2004;Liu et al.,2014),如果不控制线下社会互动,将会高估在线社会互动对家庭金融资产配置的影响。因此,本书根据相关文献的实践,并结合网络聊天的偶然性,采用"志愿服务"这一二元变量来衡量线下社会互动。该变量通过家庭成员是否参与过志愿者服务工作来衡量(Liu et al.,2014;Georgarakos & Pasini,2011)。表 3-1 给出了控制变量的定义及其描述性统计说明。

表 3-1　在线社会互动变量主要定义与说明

变 量	定义与说明
家庭金融资产配置测度	
家庭风险金融市场参与	虚拟变量,主要衡量家庭是否通过风险金融市场(包括基金、金融产品、衍生品、非人民币资产和其他金融资产)直接或间接持有股票。如果家庭直接或间接通过风险金融市场持有股票,则该变量的值为 1,否则为 0。
家庭风险金融资产占比	家庭持有的风险金融资产占金融总资产的比例。
在线社会互动指标	
在线社会互动	虚拟变量,家庭通过网络进行"社交(微信/QQ 等聊天,逛贴吧等)"或"了解资讯"活动,则在线社会互动变量的值为 1,否则为 0。
用户与用户互动	虚拟变量,家庭通过网络进行"社交(微信/QQ 等聊天,逛贴吧等)"活动,则用户与用户互动变量的值为 1,否则为 0。
用户与信息互动	虚拟变量,家庭通过网络进行"了解资讯"活动,则用户与信息互动变量的值为 1,否则为 0。

续表

变　量	定义与说明
传统社会互动指标	
志愿服务	虚拟变量,如果家庭参与了志愿服务,则数值为1,否则为0。
控制变量	
家庭规模	家庭成员数量
性别	虚拟变量,如果户主为女,则数值为1,否则为0。
年龄	户主年龄的对数
年龄平方项	年龄平方项
农村	虚拟变量,如果家庭户籍在农村,则数值为1,否则为0。
教育	虚拟变量,如果户主有大学文凭,则数值为1,否则为0。
工作	户主平均每日的工作时间。
健康	虚拟变量,如果户主处于身体健康的状态,则数值为1,否则为0。
婚姻	虚拟变量,如果户主已婚,则数值为1,否则为0。
信任	分类变量,反映家庭对不认识的人的信任程度,其中,1代表不信任,5代表非常信任。
幸福	分类变量,户主的幸福程度,其中,1代表不幸福,5代表非常幸福。
收入	家庭收入的对数值。 家庭收入第一个四分位数。 家庭收入第二个四分位数。 家庭收入第三个四分位数。 家庭收入第四个四分位数。
省份	29个省份的虚拟变量。

四、描述性统计分析

表3-2给出了相关变量的描述性统计分析。通过比较表3-2中变量的均值、标准差、最小值、最大值可以看出,在样本家庭中,家庭风险金融市场参与率为19.52%,家庭风险金融资产占比为1.745%,远低于美国、荷兰、意大利、法国和德国等发达国家(Cupák et al.,2020;Grinblatt et al.,2011;Guiso et al.,2003)。样本数据还体现出有94%的家庭会进行在线社会互动,83%的家庭会进行用户与用户互动,73%的家庭会进行用

户与信息的互动。家庭的线下社会互动显示,有 29.9％的家庭有过志愿服务工作的经历。该数值低于在线社会互动。

控制变量的情况说明,样本中最大的家庭有 9 人,最小的有 1 人,平均家庭人口数为 1.72 人。样本变量中有 22％为女性户主。样本平均年龄 53 岁,最大为 122 岁,最小为 23 岁。16％的样本为农村户籍,31％的样本具有大学学历。平均工作时长为 8.25 小时,其中最短工作 0 小时,最长工作 12 小时。92％的家庭户主认为自己处于健康的身体状态,88％的家庭户主为已婚状态。样本家庭信任水平一般,但普遍感觉幸福,收入差距较大。

表 3-2　描述性统计分析

变　量	数量	最小值	最大值	均　值	标准差
家庭风险金融市场参与率	16891	0	1	0.1952	0.3964
家庭风险金融资产占比	16891	0	1	0.01745	0.06315
在线社会互动	16891	0	1	0.94	0.237
用户与用户互动	16891	0	1	0.83	0.374
用户与信息互动	16891	0	1	0.73	0.444
志愿服务	16891	0	1	0.299	0.458
家庭规模	16891	1	9	1.72	1.199
性别	16891	0	1	0.22	0.413
年龄	16891	1.3802	2.0899	1.7201	0.1063
年龄平方项	16891	1.9050	4.3677	2.9701	0.3624
农村	16891	0	1	0.16	0.363
教育	16891	0	1	0.31	0.461
工作	16891	0	12	8.2512	4.9930
健康	16891	0	1	0.92	0.271
婚姻	16891	0	1	0.88	0.329
信任	16891	1	5	2.25	0.881
幸福	16891	1	5	3.83	0.767
家庭收入	16891	−0.7570	6.9293	4.8975	0.5515
家庭收入第一个四分位数	16891	0	1	0.25	0.433
家庭收入第二个四分位数	16891	0	1	0.25	0.433
家庭收入第三个四分位数	16891	0	1	0.25	0.433
家庭收入第四个四分位数	16891	0	1	0.25	0.433

第三节　在线社会互动与家庭风险金融市场参与

一、模型设定

本部分采用 Probit 模型检验线上社会互动对家庭风险金融市场参与的影响，Probit 模型是一种回归模型，其中因变量只能是两个值，为二进制。本部分中，对于家庭 i，参与股票市场决策只能有两个值，即参与为 1，不参与为 0。考虑线性概率模型：

$$y_i = x_i\beta + \varepsilon_i (i=1,\cdots,n)$$

Y 的两点分布概率：

$$\begin{cases} P(y=1|x) = F(x,\beta) \\ P(y=0|x) = 1-F(x,\beta) \end{cases}$$

此函数 $F(x,\beta)$ 被称为"连续函数"，因为它将解释变量 x 与被解释变量 y 连接起来。由于 y 的取值要么为 0，要么为 1，故 y 服从两点分布。通过灵活选择连接函数，可以保证 $0 \leqslant \hat{y} \leqslant 1$，并将 $\hat{y}$ 理解为"$y=1$"发生的概率，因为

$$E(y|x) = 1 \cdot P(y=1|x) + 0 \cdot P(y=0|x) = P(y=1|x)$$

Probit 模型即 $F(x,\beta)$ 为标准正态的累积分布函数（陈强，2014）：

$$P(y=1|x) = F(x,\beta) = \Phi(x\beta) \equiv \int_{-\infty}^{x\beta} \varphi(t)\mathrm{d}t$$

本部分展示了 Probit 模型边际效应的结果，分析线上社会互动对家庭金融市场参与的影响。具体模型如下所示：

$$Stockownership_i = 1(\alpha_1 Online_i + \alpha_2 Controls_i + \mu_i > 0)$$

其中，$Stockownership_i = 1(\alpha_1 Socialsupport_i + \alpha_2 Controls_i + \mu_i > 0$，$Stockownership_i$ 是虚拟变量，代表每一个家庭 i 持有风险金融资产的情况，若家庭参与风险金融市场，其取值为 1，否则为 0。$Online_i$ 代表每一个家庭 i 线上社会互动情况。$Controls_i$ 是控制变量，包括每一个家庭 i 的人格结构、家庭特征与地域特征变量。μ_i 是随机扰动项，且 $\mu_i \sim N(0,\sigma^2)$。

二、实证分析

表 3-3 展示了在线社会互动与家庭风险金融市场参与的 Probit 回归分析的边际效应结果。其中列(1)展示了在线社会互动影响家庭风险金融市场参与情况,列(2)展示了线下社会互动(志愿服务)影响家庭风险金融市场参与情况,列(3)包含在线及线下社会互动影响家庭风险金融市场参与情况。列(4)—(6)在列(1)—(3)的基础上增加了省份虚拟变量,以获得更严格的控制效果。

结论显示,在线社会互动在 1% 水平上显著正向影响家庭风险金融市场参与,家庭在线社会互动每增加 1%,其风险金融市场参与概率增加约 4%。在本样本中,19.25% 的参与率表示家庭参与金融风险市场的可能性增加了 22.34%(4.3/19.25)。同时,线下社会互动也在 1% 的水平上显著正向影响家庭风险金融市场参与概率,家庭每增加 1% 的线下社会互动,其风险金融市场参与概率增加约 2.4%。在本样本中,19.25% 的参与率表示家庭参与金融风险市场的概率增加了 12.47%(2.4/19.25)。综上所述,在线社会互动对家庭风险金融市场参与的积极影响大于线下社会互动。

同时,列(1)—(3)在线社会互动估计系数略高于列(4)—(6)在线社会互动估计系数,而线下社会互动在列(1)—(3)中,系数为 0.032,而在列(4)—(6)中系数为 0.024,差别较大。这说明增加省份虚拟变量降低了线下社会互动对家庭风险金融市场参与的影响,而这种由于省份控制变量引起的变化在在线社会互动中基本没有影响。因此,在线社会互动打破了线下社会互动在地域方面的限制,从而提升了家庭风险金融市场参与的可能性。

表 3-3 在线社会互动与家庭风险金融市场参与实证结果

项 目	(1)	(2)	(3)	(4)	(5)	(6)
在线社会互动	0.043*** (0.013)		0.041*** (0.013)	0.039*** (0.013)		0.039*** (0.013)
志愿服务		0.032*** (0.006)	0.031*** (0.006)		0.024*** (0.006)	0.024*** (0.006)
家庭规模	−0.007*** (0.002)	−0.007*** (0.002)	−0.007*** (0.002)	−0.007*** (0.002)	−0.007*** (0.002)	−0.007*** (0.002)

续表

项　目	(1)	(2)	(3)	(4)	(5)	(6)
性别	0.027***	0.026***	0.026***	0.021***	0.020***	0.020***
	(0.007)	(0.007)	(0.007)	(0.007)	(0.007)	(0.007)
年龄	1.864**	1.956**	1.920**	2.996***	3.066***	3.024***
	(0.775)	(0.775)	(0.775)	(0.774)	(0.775)	(0.774)
年龄平方项	−0.422*	−0.450**	−0.439*	−0.765***	−0.787***	−0.774***
	(0.228)	(0.228)	(0.228)	(0.228)	(0.228)	(0.228)
农村	−0.220***	−0.219***	−0.218***	−0.202***	−0.201***	−0.200***
	(0.014)	(0.014)	(0.014)	(0.013)	(0.013)	(0.013)
教育	0.098***	0.095***	0.095***	0.101***	0.098***	0.098***
	(0.006)	(0.006)	(0.006)	(0.006)	(0.006)	(0.006)
工作	−0.002***	−0.002***	−0.002***	−0.002***	−0.002***	−0.002***
	(0.001)	(0.001)	(0.001)	(0.001)	(0.001)	(0.001)
健康	0.023**	0.023**	0.022*	0.018	0.018	0.017
	(0.011)	(0.011)	(0.011)	(0.011)	(0.011)	(0.011)
婚姻	−0.008	−0.007	−0.007	−0.007	−0.006	−0.006
	(0.010)	(0.010)	(0.010)	(0.010)	(0.010)	(0.010)
信任	0.024***	0.022***	0.022***	0.021***	0.020***	0.020***
	(0.003)	(0.003)	(0.003)	(0.003)	(0.003)	(0.003)
幸福	−0.009**	−0.010**	−0.010***	−0.006	−0.006*	−0.006*
	(0.004)	(0.004)	(0.004)		(0.004)	(0.004)
家庭收入第四个四分位数	0.233***	0.231***	0.230***	0.203***	0.202***	0.202***
	(0.009)	(0.009)	(0.009)	(0.009)	(0.009)	(0.009)
家庭收入第三个四分位数	0.146***	0.145***	0.144***	0.129***	0.128***	0.128***
	(0.009)	(0.009)	(0.009)	(0.009)	(0.009)	(0.009)
家庭收入第二个四分位数	0.064***	0.064***	0.063***	0.059***	0.059***	0.059***
	(0.010)	(0.010)	(0.010)	(0.010)	(0.010)	(0.010)
省份虚拟变量	无	无	无	控制	控制	控制
N	16891	16891	16891	16891	16891	16891
R^2	15.58%	15.67%	15.74%	17.63%	17.66%	17.72%

注:数字为各变量的边际值,括号中为稳健标准误,***、**、*分别表示在1%、5%和10%的统计水平上显著。

　　控制变量回归结果显示,家庭规模在 1% 的显著性水平上与家庭风险金融市场参与呈负相关关系,家庭每增加 1 名成员,其风险金融市场参与概率降低 0.7%。更多的家庭成员将会增加家庭运行成本,从而减少家庭对风险金融资产的投资(Zimmer & Kwong,2003)。家庭为女性户主在 1% 的显著性水平上与家庭风险金融市场参与呈正相关关系,此结论与张永奇和单德朋(2021)得出的结论一致。女性户主更具有耐心,会在安全边际较高的情况下进行投资决策。但女性户主在风险承受能力、受教育水平、金融素养水平等方面的表现与男性不同,Almenberg 和 Dreber(2015)得出结论,瑞典人口统计显示,女性参与金融市场明显低于男性,并在金融素养上的得分低于男性。

年龄对风险金融市场参与程度呈现先升后降的"倒 U 形"驼峰关系,此结论与王聪和田存志(2012)的研究一致。家庭为农村户籍,将显著降低持有风险金融资产的可能性。该结论与 Liu 等(2020)的研究一致,主要原因系我国特色的户籍制度所导致的社会保障二元结构。家庭拥有大学学历将会显著提升持有风险金融资产的可能性。主要原因在于,教育可以影响家庭的平均收入,降低风险金融市场的进入成本,影响家庭面临的风险水平,从而影响家庭的投资决策(Cooper & Zhu,2016)。此外,工作时长对家庭持有风险金融资产具有显著负向影响,但影响较小。家庭健康水平对持有风险金融资产具有显著正向影响。该结论与已有研究保持一致(Fan & Zhao,2009)。更容易信任他人的家庭,其持有风险金融资产的可能性更高。主要因为投资者在决定是否购买股票时,会考虑上当受骗的风险。这种对风险的感知是股票的客观特征和投资者的主观特征的函数(Guiso et al.,2008)。家庭感觉更幸福,其持有风险金融资产的可能性更低。Cui 和 Cho(2019)研究发现,中国家庭主观幸福感与风险金融资产参与可能性呈"倒 U 形"曲线关系。本书研究体现了"倒 U 形"关系的顶点右侧。最后,家庭收入在较高水平,其持有风险金融资产的可能性更高。该结论与已有研究保持一致(Mauricas et al.,2017)。

第四节　在线社会互动与家庭风险金融资产占比

一、模型设定

本部分采用 Tobit 回归模型检验线上社会互动对家庭风险金融资产占比的影响,Tobit 回归模型巧妙地使用一个基本的潜变量 y_i^* 来表示所

观测到的响应y_i,模型设定如下:

令y_i^*为一个由$y_i^* = \beta_0 + \beta_1 X_1 + \beta_2 X_2 + \cdots + \beta_i X_i + \varepsilon$决定的无法观测的变量或潜变量。同时,还有:

$$y_i = \max(0, y_i^*) = \begin{cases} y_i^*, & y_i^* \geq 0 \\ 0, & y_i^* < 0 \end{cases}$$

当$y_i^* \geq 0$时,所观测到的变量$y_i = y_i^*$,当$y_i^* < 0$时,$y_i = 0$。由于家庭风险金融资产占比中有13594个家庭数据为0,故采用Tobit模型进行估计。具体模型如下所示:

$$\text{Stockshare}_i^* = \beta_1 \text{Online}_i + \beta_2 \text{Controls}_i + \varepsilon_i$$

$$\text{Stockshare}_i = \max(0, \text{Stockshare}_i^*)$$

其中,Stockshare_i代表家庭风险金融资产占金融总资产的比例(Lee,2023;Zhang et al.,2021),其数值在0与1之间,同时包含有大量数值为0的情况。Online_i代表每一个家庭i线上社会互动情况,Controls_i代表控制变量,ε_i为随机变量,且$\varepsilon_i \sim N(0, \sigma^2)$。

二、实证分析

表3-4是在线社会互动对家庭风险金融市场参与深度影响的估计结果。其中列(1)展示了在线社会互动影响家庭风险金融市场参与深度情况,列(2)展示了线下社会互动(志愿服务)影响家庭风险金融市场参与深度情况,列(3)展示了在线及线下社会互动影响家庭风险金融市场参与深度情况。列(4)—(6)在列(1)—(3)的基础上增加了省份虚拟变量,以获得更严格的控制效果。

结论显示,在线社会互动估计系数为0.028,且在1%置信水平上显著,说明在线社会互动可以增加家庭风险金融市场的参与深度。志愿服务估计系数为0.014,同样在1%置信水平下显著,说明线下社会互动同样对家庭分析金融市场的参与深度有显著积极的影响,但其影响程度约为在线社会互动的一半。此外,列(1)—(3)在线社会互动估计系数与列(4)—(6)变化不大,而线下社会互动在列(1)—(3)中,系数为0.020,但在列(4)—(6)中系数为0.014,说明增加了省份虚拟变量,降低了线下社会互动对家庭风险金融市场参与深度的影响,而这种效应是由于省份控制变量引起的变

化,在在线社会互动中基本没有影响。因此,在线社会互动打破了线下社
会互动在地域方面的限制,从而提升了家庭风险金融市场参与深度。

表3-4　在线社会互动与家庭风险金融资产占比实证结果

项　目	(1)	(2)	(3)	(4)	(5)	(6)
在线社会互动	0.028*** (0.009)		0.028*** (0.009)	0.027*** (0.009)		0.027*** (0.009)
志愿服务		0.019*** (0.004)	0.019*** (0.004)		0.014*** (0.004)	0.014*** (0.004)
家庭规模	−0.005*** (0.002)	−0.005*** (0.002)	−0.005*** (0.002)	−0.005*** (0.002)	−0.005*** (0.002)	−0.005*** (0.002)
性别	0.015*** (0.005)	0.014*** (0.005)	0.014*** (0.005)	0.011** (0.005)	0.010** (0.005)	0.010** (0.005)
年龄	0.725 (0.558)	0.781 (0.559)	0.760 (0.559)	1.430** (0.564)	1.474*** (0.565)	1.448** (0.564)
年龄平方项	−0.122 (0.164)	−0.139 (0.164)	−0.132 (0.164)	−0.335** (0.166)	−0.349** (0.166)	−0.341** (0.166)
农村	−0.157*** (0.010)	−0.157*** (0.010)	−0.156*** (0.010)	−0.148*** (0.010)	−0.148*** (0.010)	−0.147*** (0.010)
教育	0.066*** (0.005)	0.064*** (0.005)	0.064*** (0.005)	0.069*** (0.005)	0.067*** (0.005)	0.067*** (0.005)
工作	−0.002*** (0.001)	−0.002*** (0.001)	−0.002*** (0.001)	−0.002*** (0.001)	−0.002*** (0.001)	−0.002*** (0.001)
健康	0.016* (0.008)	0.016* (0.008)	0.016* (0.008)	0.013 (0.008)	0.013 (0.008)	0.013 (0.008)
婚姻	−0.015** (0.007)	−0.014** (0.007)	−0.014** (0.007)	−0.015** (0.007)	−0.014** (0.007)	−0.014** (0.007)
信任	0.016*** (0.002)	0.015*** (0.002)	0.015*** (0.002)	0.014*** (0.002)	0.013*** (0.002)	0.013*** (0.002)
幸福	−0.009*** (0.003)	−0.009*** (0.003)	−0.009*** (0.003)	−0.007** (0.003)	−0.007** (0.003)	−0.007** (0.003)
家庭收入第四个四分位数	0.155*** (0.007)	0.154*** (0.007)	0.153*** (0.007)	0.138*** (0.007)	0.138*** (0.007)	0.137*** (0.007)
家庭收入第三个四分位数	0.103*** (0.007)	0.102*** (0.007)	0.102*** (0.007)	0.094*** (0.007)	0.093*** (0.007)	0.093*** (0.007)
家庭收入第二个四分位数	0.052*** (0.007)	0.052*** (0.007)	0.052*** (0.007)	0.050*** (0.007)	0.050*** (0.007)	0.050*** (0.007)

续表

项　目	(1)	(2)	(3)	(4)	(5)	(6)
常数项	−1.155** (0.472)	−1.175** (0.472)	−1.184** (0.472)	−1.752*** (0.477)	−1.764*** (0.478)	−1.768*** (0.478)
省份虚拟变量	无	无	无	控制	控制	控制
N	16891	16891	16891	16891	16891	16891
R^2	27.62%	27.74%	27.85%	30.81%	30.84%	30.94%

注：括号中为稳健标准误，***、**、*分别表示在1%、5%和10%的统计水平上显著。

控制变量回归结果与已有结论基本一致。其中，家庭规模在1%显著性水平上与家庭风险金融市场参与深度呈负相关关系。家庭为女性户主在1%显著性水平上与家庭风险金融市场参与深度呈正相关关系。年龄对风险金融市场参与深度呈现先升后降的"倒 U 形"驼峰关系。家庭农村户籍在1%显著性水平上与家庭风险金融市场参与深度呈负相关关系。家庭拥有大学学历在1%显著性水平上与家庭风险金融市场参与深度呈正相关关系。工作时长在1%显著性水平上与家庭风险金融市场参与深度呈负相关关系。家庭健康水平在不考虑省份虚拟变量情况下，在5%显著性水平上与家庭风险金融市场参与深度呈正相关关系，而在考虑省份虚拟变量时，与家庭风险金融市场参与深度呈正相关关系，但不显著。已婚家庭在考虑省份虚拟变量时，与家庭风险金融市场参与深度呈负相关关系，且在5%水平上显著。更容易信任他人的家庭，与家庭风险金融市场参与深度呈正相关关系，且在1%水平上显著。家庭幸福感与家庭风险金融市场参与深度呈负相关关系，且在1%水平上显著。

第五节　稳健性检验

在基准估计基础上，还需要考虑遗漏变量、联立性偏误与测量误差对估计结果的影响（杨芊芊，2019）。首先，在考虑家庭金融资产配置问题时，回归方程不可能考虑到所有的影响因素，因而存在归入误差项的遗漏变量。遗漏变量如果与解释变量之间存在相关性，则可能造成估计结果的偏误。其次,在线社会互动可以影响家庭金融资产配置决策,而家庭金融资产配置结果同样会影响到居民家庭的可支配收入与资产情况,从而影响家庭获得咨询的渠道与信息交流方式。因而,这种反向因果关系的存在会导致内生性问题,导致实证结论的可靠性产生偏误。最后,由一般计算回归引起的测量性偏误,同样会导致实证结果偏离可靠性。

本节通过增加线下社会互动变量来验证模型的稳健性,通过使用工具变量来检验模型的内生性,通过剔除大萧条时期出生的人口改变数据样本三种方式,确保本书研究结论的可靠性。

一、增加线下社会互动变量

通过增加线下社会互动的控制变量,来验证本章结论的有效性。第一个增加的线下变量是"现金礼物"(Liang & Guo,2015),通过现金礼物支出与家庭总收入的比例来衡量。如果数值高于样本中位数,则变量等于 1,否则,等于 0。第二个增加的线下社会互动变量是"党员"(Georgarakos & Pasini,2011;Changwony et al. ,2015),通过问卷问题:

[A2015]访问者是否为中共党员或预备党员?(仅询问 2017 年新增的受访者及其配偶)

  1.是   2.否

由于本问题只询问 2017 年新增的受访者,故样本数据为 15126 人。具体回归结果见表 3-5,其中,列(1)、(2)显示在线社会互动对家庭风险金融市场参与的 Probit 回归模型实证结果,列(3)、(4)显示在线社会互动与家庭风险金融资产占比的 Tobit 回归模型实证结果。其中,列(2)、(4)控制了省份虚拟变量。根据列(2),在线社会互动在 1% 水平上显著正向影响家庭风险金融市场参与,家庭在线社会互动每增加 1%,其风险金融市场参与可能性增加约 4.1%,此结论在增加了现金礼物、党员两个线下社会互动变量后依旧成立。同时,在 Tobit 回归模型中,根据列(4),在线社会互动与家庭风险金融资产参与深度在 1% 水平上呈显著正相关关系。此结论在增加了"现金礼物""党员"两个线下社会互动变量后依旧成立,故已有研究结论具有稳健性。

表 3-5　增加线下社会互动实证结果

项　目	Probit 回归模型		Tobit 回归模型	
	(1)	(2)	(3)	(4)
	家庭风险金融市场参与		家庭风险金融资产占比	
在线社会互动	0.044*** (0.013)	0.041*** (0.013)	0.029*** (0.010)	0.028*** (0.010)
志愿服务	0.033*** (0.006)	0.025*** (0.006)	0.020*** (0.005)	0.015*** (0.005)
现金礼物	0.058** (0.028)	0.056** (0.028)	0.052** (0.020)	0.051** (0.020)
党员	−0.013 (0.008)	−0.008 (0.008)	−0.007 (0.006)	−0.005 (0.006)
家庭规模	−0.002 (0.003)	−0.003 (0.003)	−0.002 (0.002)	−0.002 (0.002)
性别	0.026*** (0.007)	0.021*** (0.007)	0.014*** (0.005)	0.011** (0.005)
年龄	2.272*** (0.848)	3.556*** (0.848)	0.887 (0.608)	1.672*** (0.614)
年龄平方项	−0.527** (0.250)	−0.918*** (0.250)	−0.157 (0.179)	−0.394** (0.181)
农村	−0.232*** (0.015)	−0.215*** (0.015)	−0.166*** (0.011)	−0.158*** (0.011)
教育	0.096*** (0.007)	0.100*** (0.007)	0.064*** (0.005)	0.067*** (0.005)
工作	−0.002** (0.001)	−0.002*** (0.001)	−0.002*** (0.001)	−0.002*** (0.001)
健康	0.027** (0.012)	0.021* (0.012)	0.019** (0.009)	0.016* (0.009)
婚姻	−0.012 (0.011)	−0.009 (0.010)	−0.021*** (0.008)	−0.020*** (0.008)
信任	0.022*** (0.003)	0.020*** (0.003)	0.015*** (0.003)	0.013*** (0.003)
幸福	−0.012*** (0.004)	−0.008** (0.004)	−0.010*** (0.003)	−0.008*** (0.003)
家庭收入第四个四分位数	0.243*** (0.010)	0.214*** (0.010)	0.164*** (0.008)	0.148*** (0.008)
家庭收入第三个四分位数	0.156*** (0.010)	0.139*** (0.010)	0.113*** (0.008)	0.104*** (0.008)

续表

项　目	Probit 回归模型		Tobit 回归模型	
	(1)	(2)	(3)	(4)
	家庭风险金融市场参与		家庭风险金融资产占比	
家庭收入第二个四分位数	0.074*** (0.011)	0.069*** (0.010)	0.062*** (0.008)	0.059*** (0.008)
省份虚拟变量	无	控制	无	控制
常数项	— —	— —	−1.342*** (0.513)	−2.001*** (0.519)
N	15126	15126	15126	15126
R^2	16.20%	18.01%	28.99%	31.81%

注：括号中为稳健标准误，***、**、*分别表示在1%、5%和10%的统计水平上显著。

二、工具变量

通常已有研究对模型内生性的检验采用工具变量的方法，因此，本书通过Ⅳ-Probit 回归模型与Ⅳ-Tobit 回归模型来消除内生性问题。工具变量的实质是将存在的内生性问题的解释变量分为外生部分和内生部分两个部分。第一阶段将原来内生解释变量作为因变量进行回归，将工具变量作为自变量，得到拟合值（外生部分）。之后，利用因变量对第一阶段回归得到的拟合值进行回归，从而达到对内生解释变量的修正。其中，工具变量的选择需要满足：第一，与自变量具有相关性；第二，与误差项 ε 不相关（外生性）（王宇和李海洋，2017）。

参考已有研究的做法，比如余苹果（2022）将样本家庭匹配购物时的支付方式来构建工具变量，本节使用"网络终端支付"作为工具变量。对应问卷的问题为：

[E2001a]您和您家人在购物时（包括网络），一般会使用下列哪些支付方式？（可多选）

1. 现金

2. 刷卡（包括银行卡、信用卡等）

3. 通过电脑支付（包括网银、支付宝等）

4. 通过手机、Pad 等移动终端支付(包括支付宝 App、微信支付、手机银行、Applepay 等)

5. 其他(请注明)

如果家庭回答"通过电脑支付(包括网银、支付宝等)"或/和"通过手机、Pad 等移动终端支付(包括支付宝 App、微信支付、手机银行、Applepay 等)",则网络终端支付变量值为 1,否则为 0。由于对网络终端支付的感知易用性和社会网络效应的使用与用户对待在线技术的态度有关(Vahdat et al. ,2021),故网络终端支付行为将影响在线社交应用的使用,进而影响家庭在线社会互动。因此,那些熟悉在线支付的家庭更有可能采用在线社会互动。但是对于家庭金融资产配置决策,网络终端支付具有外生性。鉴于此,本节选择"网络终端支付"作为工具变量。

由表 3-6 可知,列(1)展示了 Ⅳ-Probit 回归模型第一阶段回归结果,结论显示,网络终端支付与在线社会互动在 1% 水平上呈显著正相关。满足工具变量与自变量具有相关性的条件。外源性沃尔德检验(Wald test of exogeneity)结果显示,值为 0.0000,故可以在 1% 水平上认为在线社会交互为内生解释变量。本节继续计算在线社会互动的边际结果,在线社会互动 Ⅳ-Probit 边际系数为 1.36,在 1% 水平上显著为正。说明由于内生性的存在,普通 Probit 回归模型将会低估在线社会互动对家庭金融市场参与的积极作用。Ⅳ-Probit 回归模型第二阶段回归结果显示,在控制了内生性的情况下,在线社会互动显著积极地正向影响了家庭风险金融市场参与。弱工具变量检验结果显示,AR 与 Wald 值均在 1% 水平上显著,应该拒绝原假设,即本节所选择的工具变量不是弱工具变量。

表 3-6 中列(3)对 Ⅳ-Tobit 回归模型估计同样表明,网络终端支付与在线社会互动在 1% 水平上呈显著正相关。满足工具变量与自变量具有相关性的条件。外源性沃尔德检验结果显示,值为 0.0000,故可以在 1% 水平上认为在线社会交互为内生解释变量。根据列(4),在线社会互动与家庭风险金融资产占比系数为 1.302,在 1% 水平上显著正相关。说明由于内生性的存在,普通 Tobit 回归模型将会低估在线社会互动对家庭风险金融资产占比的积极影响。在控制了内生性的情况下,在线社会互动显著积极地正向影响了家庭风险金融资产占比。弱工具变量检验结果显

示，AR 与 Wald 值均在 1‰水平上显著，应该拒绝原假设，即本节所选择的工具变量不是弱工具变量。

表 3-6　工具变量实证结果

项　目	IV-Probit		IV-Tobit	
	(1)	(2)	(3)	(4)
	第一阶段	第二阶段	第一阶段	第二阶段
	在线社会交互	家庭风险金融市场参与	在线社会交互	家庭风险金融资产占比
网络终端支付	0.0422*** (0.004)		0.0422*** (0.004)	
在线社会互动		3.885*** (0.089)		1.302*** (0.1731)
志愿服务	0.005 (0.004)	0.0168 (0.020)	0.005 (0.004)	0.005 (0.007)
家庭规模	0.0023 (0.002)	−0.024*** (0.008)	0.0023 (0.002)	−0.0086*** (0.003)
性别	0.003 (0.005)	0.026 (0.023)	0.003 (0.005)	0.006 (0.007)
年龄	0.192 (0.488)	3.558 (2.453)	0.192 (0.488)	0.699 (0.846)
年龄平方项	−0.069 (0.144)	−0.713 (0.718)	−0.069 (0.144)	−0.083 (0.25)
农村	−0.002 (0.005)	−0.3561*** (0.052)	−0.002 (0.005)	−0.1383*** (0.0125)
教育	0.002 (0.004)	0.1726*** (0.029)	0.002 (0.004)	0.0622*** (0.0074)
工作	0.000 (0.000)	−0.007*** (0.002)	0.000 (0.000)	−0.0031*** (0.000)
健康	0.014** (0.007)	−0.030 (0.0345)	0.014** (0.007)	−0.008 (0.0125)
婚姻	0.008 (0.006)	−0.030 (0.031)	0.008 (0.006)	−0.0205* (0.011)
信任	0.000 (0.002)	0.030*** (0.011)	0.000 (0.002)	0.0105*** (0.004)
幸福	0.000 (0.002)	−0.011 (0.012)	0.000 (0.002)	−0.0067 (0.0042)
家庭收入第四个四分位数	0.007 (0.006)	0.327*** (0.050)	0.007 (0.006)	0.1178*** (0.011)

续表

项　目	IV-Probit		IV-Tobit	
	(1)	(2)	(3)	(4)
	第一阶段	第二阶段	第一阶段	第二阶段
	在线社会交互	家庭风险金融市场参与	在线社会交互	家庭风险金融资产占比
家庭收入第三个四分位数	0.003 (0.006)	0.213*** (0.038)	0.003 (0.006)	0.083*** (0.0101)
家庭收入第二个四分位数	0.009 (0.005)	0.072** (0.030)	0.009 (0.005)	0.0363*** (0.0101)
省份虚拟变量	Yes	Yes	Yes	Yes
常数项	0.784* (0.411)	−8.354*** (2.086)	0.784* (0.411)	−2.424*** (0.7182)
Wald test of exogeneity		161.52***		118.7***
N	16891	16891	16891	16891
R^2	0.0177		0.0177	
Weakivtest				
AR		166.65***		122.78***
Wald		64.24***		56.55***

注:括号中为稳健标准误,***、**、*分别表示在1%、5%和10%的统计水平上显著。

三、剔除部分数据样本

前述研究采用增加控制变量、使用工具变量的方法,对研究结果的遗漏变量、联立性偏误等偏差进行检验。本部分根据 Niu 等(2020a)的做法,剔除人口早期营养冲击对后期投资选择的影响,即将 1959—1961 年中国三年困难时期出生的人排除在分析之外,进一步对在线社会互动与家庭金融资产配置进行分析。

实证结果见表 3-7,其中 Probit 回归分析的边际结果显示,在线社会互动在 1%水平上显著正向影响家庭风险金融市场参与,家庭在线社会互动每增加 1%,其风险金融市场参与概率增加约 3.7%,此结论与本章第三节研究结论一致。Tobit 回归结果显示,在线社会互动估计系数为

0.025,且在1%置信水平上显著,此结论与本章第四节研究结论一致。因此,在线社会互动可以显著提升家庭风险金融市场参与家庭风险金融资产占比。

表 3-7　剔除 1959—1961 年出生人口样本后的实证结果

项　　目	Probit 回归边际结果	Tobit 回归结果
在线社会互动	0.037*** (0.014)	0.025** (0.010)
志愿服务	0.025*** (0.006)	0.015*** (0.005)
家庭规模	−0.009*** (0.003)	−0.006*** (0.002)
性别	0.020*** (0.007)	0.010* (0.005)
年龄	3.788*** (0.809)	2.041*** (0.590)
年龄平方项	−1.001*** (0.238)	−0.515*** (0.173)
农村	−0.191** (0.015)	−0.139*** (0.011)
教育	0.097** (0.007)	0.067*** (0.005)
工作	−0.003*** (0.001)	−0.003*** (0.001)
健康	0.021* (0.012)	0.013 (0.009)
婚姻	−0.012 (0.010)	−0.019*** (0.007)
信任	0.019*** (0.004)	0.013*** (0.003)
幸福	−0.004 (0.004)	−0.005* (0.003)
家庭收入第四个四分位数	0.208*** (0.010)	0.141*** (0.008)
家庭收入第三个四分位数	0.133*** (0.010)	0.096*** (0.008)
家庭收入第二个四分位数	0.064*** (0.010)	0.053*** (0.008)

续表

项 目	Probit 回归边际结果	Tobit 回归结果
省份虚拟变量	Yes	Yes
常数项	— —	−2.273*** (0.499)
N	14855	14855
R^2	17.48%	30.49%

注:括号中为稳健标准误,***、**、*分别表示在1%、5%和10%的统计水平上显著。

本章小结

本章实证研究在线社会互动对家庭金融资产配置的影响,基于2017年中国家庭金融调查问卷,构造在线社会互动变量指标,运用 Probit 回归模型和 Tobit 回归模型,估计在线社会互动对家庭金融资产配置的影响。结果显示,在线社会互动可以显著提升家庭参加风险金融市场的概率与风险金融市场参与深度。同时,在线社会互动对家庭金融资产配置的积极影响要大于线下社会互动。在增加不同的控制变量、使用工具变量与剔除部分数据样本后,结论依然稳健。因此,在线社会互动是影响家庭金融资产配置的重要因素,但已有研究缺乏针对在线社会互动的分析,本书从数智化发展的在线视角填补了已有研究的空白。

第四章　在线社会互动对家庭金融资产配置的进一步分析

从用户与用户互动、用户与信息互动角度，本章进一步拆分在线社会互动，了解两者对家庭金融资产配置的影响情况。首先，从理论角度，分析了用户与用户互动、用户与信息互动对家庭金融资产配置的影响；其次，依托 Probit 与 Tobit 回归分析，实证检验了用户与用户互动、用户与信息互动对家庭金融资产配置的影响结果；最后，就用户与用户互动、用户与信息互动，以及家庭金融资产配置三者之间的关系进行分析，从而对在线社会互动与家庭风险金融资产参与，以及风险金融资产占比的关系有深刻的理解。

第一节　用户与用户互动对家庭金融资产配置的理论分析

研究肯定了在线社会互动对家庭金融资产配置的积极影响。本章根据在线社会互动模式，探究用户与用户互动对家庭金融资产配置的影响。在此，用户与用户互动指由技术促成的用户与用户之间的交互(Hoffman & Novak,1996)，是在互联网信息技术发展中，基于计算机作为中介的人机交互，泛指依据计算机技术开展的教学活动、会议、工作等各种形式的人类交流活动(Hiltz & Turoff,1993)。以计算机为中介的用户与用户互动逐渐取代了人们通过电话、写信或面对面互动的情景，成为数智化时代人与人之间交流的新模式(Bortfeld,1998)。

计算机作为中介的用户与用户互动对人际互动产生了不同影响。Walther(1996)指出了三种不同的互动模式。

（1）非人性化互动（Impersonal interaction）：指以计算机为媒介的交流往往缺乏面对面交流中的个体化和情感表达。这种交流方式通常更注重信息的传递和任务目标的实现，而忽视了情感和人际关系方面的因素。例如，简短的电子邮件、聊天会话或社交媒体上的简单互动。

（2）人性化互动（Interpersonal interaction）：指当人们逐渐适应并利用计算机作为中介的交流方式时，在线交流可以逐渐具备面对面交流的一些个性化和情感表达的特点。人们可以通过在虚拟环境中使用符号、表情和语言来传达情感和建立人际联系。例如，在在线社交平台上进行的深入交谈或即时通信应用中的情感表达。

（3）超个人互动（Hyperpersonal interaction）：指计算机作为中介的交流可能比面对面交流具有更强烈的个性化和强烈的情绪。由于计算机媒介的特性，人们可以选择性地展示自己，从而在虚拟环境中更加精心地构建形象和表达。这种过度个性化的特点可能会导致人们在人机互动的交流环境中表现出比面对面交流更加积极或理想化的形象。例如，在网络论坛上或社交媒体平台上的在线身份塑造与实际生活中的表现有所不同。

因此，基于计算机媒介的用户与用户互动可能弱化，或体现部分面对面互动的功能，其也有可能强化部分特征，这是面对面互动所不具有的。基于此，本章根据 Walther（2011）的研究整理归纳了以计算机为媒介的通信（CMC）在用户与用户互动中运用的理论基础（见表 4-1），进而分析数智化背景下，用户与用户基于计算机媒介的互动与传统面对面互动的不同特征。

表 4-1　评估计算机为媒介的通信（CMC）在用户与用户互动中的主要和次要理论

理论名称	主要思想	与面对面互动的差异	主要文献
社会存在理论（Social Existence Theory）	计算机作为媒介的交流缺乏感受他人实际存在的感觉、非语言和环境线索，但是可以克服时空限制，便于跨地域合作。	（1）通过社交存在感的提示（表情符号、声音效果等）增强参与者社交存在感； （2）社交存在感可以促进参与者之间的情感联系和人际关系，加强互动和协作，改善在线合作与团队互动。	Song et al. 2008；Gunawardena，1995；Hiltz et al. 1986

续表

理论名称	主要思想	与面对面互动的差异	主要文献
媒体丰富度理论（Media Richness Theory）	管理者可以通过将媒体特征与组织信息处理需求相匹配来提高绩效。影响媒介丰富性的因素包括：(1)媒介传递多种线索的能力；(2)反馈的即时性；(3)语言的多样性；(4)消息的个人化。	信息情境的模棱两可与传递媒介的信息丰富度相匹配。更多的模棱两可需要更丰富的媒介传递,最优的匹配影响效率。在线索多样性较高的情境下,参与者能够更准确地理解信息并更好地评估决策的后果,从而作出更明智的决策。而在反馈及时性较高的情境下,参与者能够更快地获得决策结果的反馈,从而及时调整决策策略和行动。	Dennis & Kinney,1998；Kahai & Cooper,2003
去分化效应的社会认同模型（Social Identity Model of Dedifferentiation Effect）	两个驱动在线行为的因素：(1)当以计算机为媒介的通信用户以文本相互发送消息时发生的视觉匿名性；(2)以计算机为媒介的通信用户是否具有社会认同。	在CMC交流中,由于缺乏非语言线索(如面部表情、语调等),或无法看清对方,因而更容易丧失个体身份,而对群体身份更敏感。比如在线报纸评论中的同伴影响较为显著,特别是在匿名性较高的情况下。	Reicher et al.1995；Lee,2004；Chung,2019
信号理论（Signal Theory）	个体可以通过特定的行为、表现或信号,在社会交互中,向其他人传递有关自身品质、意图、能力等方面的信息,以获取更好的社会互动结果或影响其他人的判断和决策。	在在线社交网络中熟悉的个人资料具有一定的信号价值。当用户在个人资料中使用自己或他人的照片时,这些熟悉的面孔可以传达,如社会关系、群体身份、信任度等多种信息。同时,这些熟悉的面孔还可以引起其他用户的注意并增强与他们之间的情感联系。	Lampe et al.2007；Connelly et al.2011
电子亲近理论（The Theory of Electronic Propinquity）	电子亲近理论是指个体在计算机界面上的接触和交流对他们之间关系建立和维持的影响。	在CMC群组通信中,没有传统面对面互动通过肢体语言、面部表情和声音等非语言信号建立的亲近感和社交联系。因此,电子亲近理论提出了在虚拟环境中建立情感联系和社交亲近感的机制和策略,主要因素包括：(a)感知亲近；(b)感知带宽；(c)感知信息复杂性；(d)感知渠道多方向性；(e)沟通技能；(f)感知交流规则；(g)感知渠道选择数量；(h)感知冲突；(i)感知环境动荡。	Walther & Bazarova,2008；Korzenny,1978

续表

理论名称	主要思想	与面对面互动差异	主要文献
社会影响理论（Social Influence Theory）	社会影响理论体现为对以计算机为媒介的通信能力的感知及其对媒体的后续使用所表现出的影响与被影响的关系。	人们的技术使用行为受到以下社会因素的影响：（1）社会规范；（2）参考群体；（3）权威影响；（4）信任；（5）社会支持。人们会因为互联网的交流而改变群体的社交认同，受到群体规范的影响，大量接受信息的曝光，并被社交影响者影响。随着人工智能、增强现实和虚拟现实等技术的发展，个体之间的社交互动将更加多样和复杂，新的社交媒体形式对个体行为和态度的影响成为未来研究的重点。	Fulk et al. 1990；Sassenberg & Jonas，2007；Kim & Hollingshead，2015
渠道扩张理论（Channel Expansion Theory）	在传统的面对面交流之外，人们利用技术渠道进行沟通和互动的能力。通过利用数字技术，人们可以超越时间和地域的限制，进行更加丰富和复杂的沟通。	新型媒体（例如电子邮件、即时通信工具、社交媒体等）可以提供更多的沟通资源和交流机会，因此可被视为具有更大的渠道扩展能力。而传统媒体则相对较为受限，因为它们缺乏新型媒体所具备的即时互动和多媒体元素。	Carlson & Zmud，1999；D Urso & Rains，2008
社会信息处理理论（Social Information Processing Theory）	该理论认为，无论使用何种媒介，交际者都有动机发展人际影响和亲和力。当非语言不可用时，可以使用渠道中其他可用的暗示来调整人际关系。社会信息处理理论有助于增强对CMC中的社交互动的理解，并为设计者和参与者提供指导，以提高CMC的效果和质量。	在CMC中，人们无法直接通过非语言信号（如面部表情、身体语言）进行交流，而主要依靠文字、图像、声音等媒介来传递信息。因此具有以下特点：（1）匿名性和缺乏非语言提示，强调了语言内容和风格特征是人际信息的更主要渠道；（2）非即时性的交流，因而需要更长时间来补偿较慢的速率；（3）缺乏情境信息和多样性，因而会提供更多替代形式的社会信息，而减少不确定性。该理论还可以扩展到其他形式的计算机媒体沟通，如社交媒体和在线协作工具等领域。	Walther，2015；Walther，2011

理论名称	主要思想	与面对面互动差异	主要文献
超人际模型（Hyper-personal CMC）	CMC通过（1）接收者过程造成的影响；（2）消息发送者之间的影响；（3）信道的属性；（4）反馈影响四个组成部分促进在线印象和关系。	在CMC超人际维度中，人们可以更加精心地选择呈现自己的言辞和形象，这种虚拟表现可以超越面对面交流的限制，创造出比真实世界中更加理想化的形象和关系。	Walther，2011；Walther，2015

整理与补充自：Walther J B. Theories of computer-mediated communication and interpersonal relations［J］. The handbook of interpersonal communication，2011（4）：443-479.

以上理论列举了CMC在用户与用户互动中与传统面对面互动的差异，其中，CMC的优势有：（1）社交存在感可以促进用户与用户之间的情感联系和人际关系，改善在线合作与团队互动。（2）获得更多的信息以更好地决策，并获得及时的反馈，调整决策行为。（3）可以提供更多的沟通资源和交流机会，具有更大的渠道扩展能力。（4）虚拟的交流可以越过面对面交流的限制，凸显自己选择性的言辞和形象。但同时，基于计算机媒介的交互也存在更容易丧失个体身份，而对群体身份更敏感，以及缺乏面对面互动建立的亲近感和社交联系等问题。

因此，数智化时代用户与用户互动对金融资产配置能够带来积极的影响。投资者可以通过股票留言板、聊天室等在线渠道获得其他投资者对特定股票或市场的看法，Sabherwal等（2011）论证了在线股票留言板可以形成一种羊群机制，用来操纵市值小、基本面弱的弱势股票价格。此类金融决策中的羊群行为与投资决策中的伙伴效应的潜在机制是社会影响的社会学习与社会效用渠道。当投资者了解了同行所透露的偏好后，他们更新了对资产质量的看法，当他们得知同龄人拥有资产时，他们的动机与"攀比"一致（Bursztyn，2014）。在线社区的建立有助于用户与用户形成交流场所，帮助在私人投资者和证券交易所之间建立直接联系，并获得适当的客户数据，以发展反映客户需求的交易设施（Lattemann & Stieglitz，2007）。同时，在线社交可以改善决策，并为投资者提供工具性利益。

但数智化时代用户与用户互动也可能带来负面影响。比如,金融资产配置投资者在在线交流中容易受同质性影响,即倾向于寻求具有相似地位(宗教、教育、收入、职业等)或价值观(态度、信仰、抱负等)的人进行互动。在虚拟投资社区中,投资者的风险投资经验可以减弱其受到同质性的影响,但会因为股票波动而增加这种影响(Park et al.,2014)。基于以上分析,本节认为,以计算机作为中介的用户与用户互动能够影响家庭金融资产配置,但其影响作用可能大于或小于传统面对面互动。

由于本章主要变量为在线社会互动下的用户与用户互动,其变量选取情况已于第三章第二节"变量选取与描述性统计"中进行详细介绍,故在本节不再重复赘述。

第二节　用户与用户互动对家庭金融资产配置的实证检验

一、用户与用户互动对家庭风险金融市场参与的实证分析

本节采用 Probit 回归模型对用户与用户互动影响家庭风险金融市场参与情况进行实证检验。其中,家庭风险金融市场参与为因变量。在线人与人之间的交互为自变量,具体定义见表 3-1。

首先进行用户与用户互动对家庭风险金融市场参与情况的实证分析。表 4-2 展示了用户与用户互动对家庭风险金融市场参与的 Probit 回归分析边际效应结果。其中,列(1)展示了用户与用户互动影响家庭风险金融市场参与的情况,列(2)展示了线下社会互动(志愿服务)影响家庭风险金融市场参与的情况,列(3)展示了在线及线下社会互动影响家庭风险金融市场参与的情况。列(4)—(6)在列(1)—(3)的基础上增加了省份虚拟变量,以获得更严格的控制效果。

根据表 4-2 中的列(4),用户与用户互动在 10% 水平上显著正向影响家庭风险金融市场参与,家庭用户与用户互动每增加 1%,其风险金融市场参与概率增加 1.3%。而在列(6)增加了省份虚拟变量后,用户与用户

互动对家庭风险金融市场参与有正向影响,但不显著。这说明省份差异影响了用户与用户互动对家庭风险金融市场参与的影响,而线下社会互动却不存在这种情况。因此,在线社会互动中用户与用户互动能够显著提升家庭风险金融市场参与,但存在省份差异,可能与不同省份对信息技术接受程度、发达程度、普及程度相关。

表 4-2　用户与用户互动与家庭风险金融市场参与实证结果

项　目	(1)	(2)	(3)	(4)	(5)	(6)
用户与用户互动	0.018** (0.008)		0.016** (0.008)	0.013* (0.008)		0.012 (0.008)
志愿服务		0.032*** (0.006)	0.031*** (0.006)		0.024*** (0.006)	0.023*** (0.006)
家庭规模	−0.007*** (0.002)	−0.007*** (0.002)	−0.007*** (0.002)	−0.007*** (0.002)	−0.007*** (0.002)	−0.007*** (0.002)
性别	0.027*** (0.007)	0.026*** (0.007)	0.025*** (0.007)	0.020*** (0.007)	0.020*** (0.007)	0.020*** (0.007)
年龄	1.878** (0.775)	1.956** (0.775)	1.936** (0.775)	3.017*** (0.775)	3.066*** (0.775)	3.046*** (0.775)
年龄平方项	−0.424* (0.228)	−0.450** (0.228)	−0.442* (0.228)	−0.770*** (0.228)	−0.787*** (0.228)	−0.780*** (0.228)
农村	−0.221*** (0.014)	−0.219*** (0.014)	−0.219*** (0.014)	−0.202*** (0.013)	−0.201*** (0.013)	−0.201*** (0.013)
教育	0.099*** (0.006)	0.095*** (0.006)	0.095*** (0.006)	0.101*** (0.006)	0.098*** (0.006)	0.098*** (0.006)
工作	−0.002*** (0.001)	−0.002*** (0.001)	−0.002*** (0.001)	−0.002*** (0.001)	−0.002*** (0.001)	−0.002*** (0.001)
健康	0.024** (0.011)	0.023** (0.011)	0.023** (0.011)	0.018 (0.011)	0.018 (0.011)	0.018 (0.011)
婚姻	−0.008 (0.010)	−0.007 (0.010)	−0.006 (0.010)	−0.007 (0.010)	−0.006 (0.010)	−0.006 (0.010)
信任	0.024*** (0.003)	0.022*** (0.003)	0.022*** (0.003)	0.021*** (0.003)	0.020*** (0.003)	0.020*** (0.003)
幸福	−0.009** (0.004)	−0.010*** (0.004)	−0.010*** (0.004)	−0.006 (0.004)	−0.006* (0.004)	−0.006 (0.004)
家庭收入第四个四分位数	0.233*** (0.009)	0.231*** (0.009)	0.230*** (0.009)	0.204*** (0.009)	0.202*** (0.009)	0.202*** (0.009)

续表

项　目	(1)	(2)	(3)	(4)	(5)	(6)
家庭收入第三个四分位数	0.146*** (0.009)	0.145*** (0.009)	0.144*** (0.009)	0.129*** (0.009)	0.128*** (0.009)	0.128*** (0.009)
家庭收入第二个四分位数	0.064*** (0.010)	0.064*** (0.010)	0.063*** (0.010)	0.059*** (0.010)	0.059*** (0.010)	0.059*** (0.010)
省份虚拟变量	无	无	无	控制	控制	控制
N	16891	16891	16891	16891	16891	16891
R^2	15.54%	15.67%	15.70%	17.58%	17.66%	17.68%

注:数字为各变量的边际值,括号中为稳健标准误,***、**、*分别表示在1%、5%和10%的统计水平上显著。

二、稳健性检验

在第一节的基础上,考虑遗漏变量、联立性偏误与测量误差等的影响,本节对用户与用户互动对家庭风险金融市场参与进行稳健性检验。通过增加线下社会互动变量、采用倾向匹配法、剔除三年困难时期出生人口三种方式进行稳健性检验。

(一)增加线下社会互动变量

本部分采用"现金礼物"(Liang & Guo,2015)作为新增线下社会互动变量,通过"现金礼物"支出与家庭总收入的比例来衡量其对家庭风险金融市场参与的影响。由于"党员"社会互动变量在第三章中显示对家庭金融资产配置影响并不显著,故本部分不再加入回归方程。

回归结果见表 4-3,其中列(1)、列(2)显示用户与用户互动对家庭风险金融市场参与的 Probit 回归模型实证结果,列(2)在列(1)基础上增加了省份虚拟变量。与基础 Probit 回归模型一致,在列(1)中,在线社会互动在 5% 水平上显著正向影响家庭风险金融市场参与,而增加了省份虚拟变量后,列(2)显示,用户与用户互动正向影响家庭风险金融市场参与,但不显著。该结论在增加了"现金礼物"线下互动变量后依然一致,故已有研究结论具有稳健性。

表 4-3 增加线下社会互动实证结果

项 目	家庭风险金融市场参与	
	(1)	(2)
用户与用户互动	0.016**	0.012
	(0.008)	(0.008)
志愿服务	0.031***	0.023***
	(0.006)	(0.006)
现金礼物	0.061**	0.059**
	(0.027)	(0.027)
家庭规模	−0.007***	−0.007***
	(0.002)	(0.002)
性别	0.025***	0.020***
	(0.007)	(0.007)
年龄	1.918**	3.029***
	(0.775)	(0.775)
年龄平方项	−0.436*	−0.774***
	(0.228)	(0.228)
农村	−0.218***	−0.201***
	(0.014)	(0.013)
教育	0.095***	0.098***
	(0.006)	(0.006)
工作	−0.002***	−0.002***
	(0.001)	(0.001)
健康	0.023**	0.017
	(0.011)	(0.011)
婚姻	−0.007	−0.006
	(0.010)	(0.010)
信任	0.022***	0.020***
	(0.003)	(0.003)
幸福	−0.010***	−0.006*
	(0.004)	(0.004)
家庭收入第四个四分位数	0.235***	0.206***
	(0.009)	(0.010)
家庭收入第三个四分位数	0.149***	0.132***
	(0.010)	(0.010)
家庭收入第二个四分位数	0.068***	0.063***
	(0.010)	(0.010)
省份虚拟变量	无	控制
N	16891	16891
R^2	15.73%	17.70%

注:括号中为稳健标准误,***、**、*分别表示在1%、5%和10%的统计水平上显著。

（二）倾向得分匹配法

倾向得分匹配法（PSM）可以克服由于样本自选择问题带来的可能估计偏差，也可以用于样本内生性的检验（许文彬和李沛文，2022）。本部分采用邻近匹配法、一对一匹配法、一对四匹配法分别在包含省份控制变量及不包含省份控制变量下，用户与用户互动对家庭风险金融市场参与情况进行估计。结果如表4-4所示。其中，只有不包含省份控制项的一对四匹配 ATT 值在 10% 水平上显著。说明在消除用户与用户在线互动，以及用户与用户不在线互动组之间可观测到的系统性差异后，用户与用户采用互联网进行在线互动对家庭风险金融市场参与影响并不显著。只能说明用户与用户互动会导致家庭积极的风险金融市场参与，但其影响作用不大。

表 4-4　用户与用户互动影响家庭风险金融市场参与估计结果

匹配方法	ATT 值	是否包含省份控制变量
邻近匹配法	−0.0056	是
一对一匹配法	0.00413	是
一对四匹配法	0.012	是
邻近匹配法	0.0068	否
一对一匹配法	0.0207	否
一对四匹配法	0.0187*	否

注：*表示在10%的统计水平上显著。

（三）剔除三年困难时期出生人口

采用与前述一致的做法（Niu et al.，2020a），剔除人口早期营养冲击对后期投资选择的影响，即将 1959—1961 年中国三年困难时期出生的人排除在分析之外，进一步对用户与用户互动与家庭风险金融市场参与进行分析。

实证结果见表4-5，列(1)、(2)显示用户与用户互动对家庭风险金融市场参与的 Probit 回归模型实证结果，结果展示回归模型的边际结果。其中，列(2)在列(1)基础上增加了省份虚拟变量。结论显示，用户与用户互动对家庭风险金融市场参与具有正向影响关系，但并不显著。此结果说明可能由于 1959—1961 年中国三年困难时期出生的人口选择数据导致基础 Probit 回归模型结果不稳健。

表 4-5 剔除 1959—1961 年出生人口样本后的实证结果

项　目	(1)	(2)
用户与用户互动	0.009 (0.008)	0.006 (0.008)
志愿服务	0.033*** (0.006)	0.025*** (0.006)
家庭规模	−0.009*** (0.003)	−0.009*** (0.003)
性别	0.025*** (0.007)	0.020*** (0.007)
年龄	2.738*** (0.810)	3.826*** (0.809)
年龄平方项	−0.680*** (0.238)	−1.012*** (0.238)
农村	−0.210*** (0.015)	−0.191*** (0.015)
教育	0.094*** (0.007)	0.097*** (0.007)
工作	−0.003*** (0.001)	−0.003*** (0.001)
健康	0.028** (0.012)	0.022* (0.012)
婚姻	−0.013 (0.010)	−0.012 (0.010)
信任	0.022*** (0.004)	0.019*** (0.004)
幸福	−0.008* (0.004)	−0.004 (0.004)
家庭收入第四个四分位数	0.238*** (0.010)	0.208*** (0.010)
家庭收入第三个四分位数	0.150*** (0.010)	0.134*** (0.010)
家庭收入第二个四分位数	0.068*** (0.011)	0.064*** (0.010)
省份虚拟变量	否	是
N	14855	14855
R^2	15.46%	17.44%

注:括号中为稳健标准误.***、**、*分别表示在1%、5%和10%的统计水平上显著。

综上分析,本部分探索在线社会互动中,用户与用户互动对家庭风险金融市场参与的影响。在考虑样本特征、稳健性与内生性检验结果后,本书认为,用户与用户互动对家庭风险金融市场参与具有积极的影响,但这种影响作用并不显著,效果较小。人们很难通过网络沟通与交流产生积极参与风险金融市场的行为。

三、对用户与用户互动影响家庭风险金融资产占比情况的实证分析

本部分采用 Tobit 回归模型对用户与用户互动影响家庭金融资产占比情况进行实证检验。其中,因变量为家庭风险金融资产占比。自变量为在线人与人之间的交互,具体定义如表 3-1 所示。

对用户与用户互动影响家庭风险金融资产占比情况进行实证分析,结果如表 4-6 所示。其中列(1)展示了用户与用户互动影响家庭风险金融资产占比,列(2)展示了线下社会互动(志愿服务)影响家庭风险金融市场参与的情况,列(3)包含了在线及线下社会互动影响家庭风险金融资产占比的情况。列(4)—(6)在列(1)—(3)的基础上增加了省份虚拟变量,以获得更严格的控制效果。

表 4-6 中的列(1)显示,用户与用户互动在 10% 水平上显著正向影响家庭风险金融资产占比,但影响程度较小。在列(3)、(4)与(6)中,加入线下社会互动、省份特征变量后,用户与用户互动对家庭分析金融资产占比有正向影响,但影响不显著。结论显示,在线用户与用户互动对家庭风险金融资产占比影响不大,不如传统线下面对面互动对家庭风险金融资产占比具有显著而积极的影响。

表 4-6　用户与用户互动和家庭风险金融资产占比的实证结果

项　目	(1)	(2)	(3)	(4)	(5)	(6)
用户与用户互动	0.009* (0.006)		0.008 (0.006)	0.007 (0.006)		0.006 (0.006)
志愿服务		0.019*** (0.004)	0.019*** (0.004)		0.014*** (0.004)	0.014*** (0.004)
家庭规模	−0.005*** (0.002)	−0.005*** (0.002)	−0.005*** (0.002)	−0.005*** (0.002)	−0.005*** (0.002)	−0.005*** (0.002)

项　目	(1)	(2)	(3)	(4)	(5)	(6)
性别	0.014***	0.014***	0.013***	0.010**	0.010**	0.010**
	(0.005)	(0.005)	(0.005)	(0.005)	(0.005)	(0.005)
年龄	0.737	0.781	0.772	1.446**	1.474***	1.465***
	(0.558)	(0.559)	(0.559)	(0.564)	(0.565)	(0.565)
年龄平方项	−0.125	−0.139	−0.135	−0.339**	−0.349**	−0.345**
	(0.164)	(0.164)	(0.164)	(0.166)	(0.166)	(0.166)
农村	−0.158***	−0.157***	−0.157***	−0.149***	−0.148***	−0.148***
	(0.010)	(0.010)	(0.010)	(0.010)	(0.010)	(0.010)
教育	0.067***	0.064***	0.065***	0.069***	0.067***	0.067***
	(0.005)	(0.005)	(0.005)	(0.005)	(0.005)	(0.005)
工作	−0.002***	−0.002***	−0.002***	−0.002***	−0.002***	−0.002***
	(0.001)	(0.001)	(0.001)	(0.001)	(0.001)	(0.001)
健康	0.016**	0.016*	0.016*	0.013	0.013	0.013
	(0.008)	(0.008)	(0.008)	(0.008)	(0.008)	(0.008)
婚姻	−0.015**	−0.014**	−0.014**	−0.015**	−0.014**	−0.014**
	(0.007)	(0.007)	(0.007)	(0.007)	(0.007)	(0.007)
信任	0.016***	0.015***	0.015***	0.014***	0.013***	0.013***
	(0.002)	(0.002)	(0.002)	(0.002)	(0.002)	(0.002)
幸福	−0.009***	−0.009***	−0.009***	−0.007**	−0.007**	−0.007**
	(0.003)	(0.003)	(0.003)	(0.003)	(0.003)	(0.003)
家庭收入第四个四分位数	0.155***	0.154***	0.154***	0.138***	0.138***	0.137***
	(0.007)	(0.007)	(0.007)	(0.007)	(0.007)	(0.007)
家庭收入第三个四分位数	0.103***	0.102***	0.102***	0.094***	0.093***	0.093***
	(0.007)	(0.007)	(0.007)	(0.007)	(0.007)	(0.007)
家庭收入第二个四分位数	0.053***	0.052***	0.052***	0.050***	0.050***	0.050***
	(0.007)	(0.007)	(0.007)	(0.007)	(0.007)	(0.007)
常数项	−1.149**	−1.175**	−1.178**	−1.748***	−1.764***	−1.764***
	(0.472)	(0.472)	(0.472)	(0.478)	(0.478)	(0.478)
省份虚拟变量	无	无	无	控制	控制	控制
N	16891	16891	16891	16891	16891	16891
R^2	27.54%	27.74%	27.77%	30.72%	30.84%	30.85%

注:数字为各变量的边际值,括号中为稳健标准误,***、**、*分别表示在1%、5%和10%的统计水平上显著。

四、稳健性检验

在前一部分的基础上,考虑遗漏变量、联立性偏误与测量误差等的影响,本部分对用户与用户互动对家庭风险金融资产占比进行稳健性检验。

通过增加线下社会互动变量、采用倾向匹配法、剔除三年困难时期出生人口三种方式进行稳健性检验。

(一)增加线下社会互动变量

采用"现金礼物"作为新增线下社会互动变量,通过"现金礼物"支出与家庭总收入的比例来衡量其对家庭风险金融资产占比的影响。由于"党员"社会互动变量在第三章中显示对家庭金融资产配置影响并不显著,故本部分不再加入回归方程。

回归结果见表4-7,其中列(1)、(2)显示用户与用户互动对家庭风险金融资产占比的Tobit回归模型实证结果,列(2)在列(1)基础上增加了省份虚拟变量。用户与用户互动对家庭风险金融资产占比具有积极的影响,但影响较小,且不显著。与之对比,线下面对面互动,无论是志愿服务,还是现金礼物,均表现出积极显著的影响。因此,在线用户与用户互动并不能取代线下面对面互动,而对家庭风险金融资产占比造成影响。

表 4-7　增加线下社会互动实证结果

项　目	家庭风险金融资产占比	
	(1)	(2)
用户与用户互动	0.008 (0.006)	0.006 (0.006)
志愿服务	0.019*** (0.004)	0.014*** (0.004)
现金礼物	0.059*** (0.019)	0.058*** (0.019)
家庭规模	−0.005*** (0.002)	−0.005*** (0.002)
性别	0.013*** (0.005)	0.010** (0.005)
年龄	0.760 (0.559)	1.453** (0.564)
年龄平方项	−0.131 (0.164)	−0.341** (0.166)
农村	−0.156*** (0.010)	−0.147*** (0.010)
教育	0.065*** (0.005)	0.067*** (0.005)

续表

项 目	家庭风险金融资产占比	
	(1)	(2)
工作	−0.002*** (0.001)	−0.002*** (0.001)
健康	0.016* (0.008)	0.013 (0.008)
婚姻	−0.015** (0.007)	−0.015** (0.007)
信任	0.015*** (0.002)	0.013*** (0.002)
幸福	−0.009*** (0.003)	−0.007** (0.003)
家庭收入第四个四分位数	0.158*** (0.007)	0.142*** (0.008)
家庭收入第三个四分位数	0.107*** (0.007)	0.097*** (0.007)
家庭收入第二个四分位数	0.057*** (0.007)	0.054*** (0.007)
常数项	−1.173** (0.472)	−1.758*** (0.478)
省份虚拟变量	无	控制
N	16891	16891
R^2	27.88%	30.96%

注:括号中为稳健标准误,***、**、*分别表示在1%、5%和10%的统计水平上显著。

(二)倾向得分匹配法

采用倾向得分匹配法(PSM)检验由于样本内生性导致的可能出现的估计偏差(许文彬和李沛文,2022)。通过采用邻近匹配法、一对一匹配法、一对四匹配法分别对包含省份控制变量及不包含省份控制变量下,用户与用户互动对家庭风险金融资产占比情况进行估计,结果如表 4-8 所示。其中,不包含省份控制项的一对一匹配法与一对四匹配法 ATT 值在 5% 和 1% 水平上显著为正。这说明从整体结论分析,用户与用户在线互动对家庭风险金融资产占比影响并不显著。结论与基本回归一致,只能说明用户与用户互动会导致家庭增加金融风险资产占比,但其影响作用不大。

表 4-8　用户与用户互动影响家庭风险金融资产占比的估计结果

匹配方法	ATT 值	是否包含省份控制变量
邻近匹配法	−0.0024	是
一对一匹配法	0.0064	是
一对四匹配法	0.0123	是
邻近匹配法	0.0081	否
一对一匹配法	0.0259**	否
一对四匹配法	0.026***	否

注:***、**分别表示在1%、5%的统计水平上显著。

(三)剔除三年困难时期出生人口

本部分通过剔除人口早期营养冲击对后期投资选择的影响,即将1959—1961 年中国三年困难时期出生的人排除在分析之外,进一步对用户与用户互动和家庭风险金融资产占比情况进行分析。

实证结果如表 4-9 所示,列(1)、(2)显示用户与用户互动对家庭风险金融资产占比的 Tobit 回归模型实证结果。其中,列(2)在列(1)基础上增加了省份虚拟变量。结论显示,用户与用户互动对家庭风险金融资产占比具有正向影响关系,但结果并不显著。这说明基础模型基本稳健,在线用户之间的交互对家庭金融资产占比影响不大。

表 4-9　剔除 1959—1961 年出生人口样本后的实证结果

项　目	(1)	(2)
用户与用户互动	0.004 (0.006)	0.002 (0.006)
志愿服务	0.019*** (0.005)	0.015*** (0.005)
家庭规模	−0.007*** (0.002)	−0.006*** (0.002)
性别	0.013** (0.005)	0.010* (0.005)
年龄	1.371** (0.583)	2.068*** (0.590)

续表

项 目	(1)	(2)
年龄平方项	−0.312*	−0.523***
	(0.171)	(0.173)
农村	−0.149***	−0.140***
	(0.011)	(0.011)
教育	0.065***	0.068***
	(0.005)	(0.005)
工作	−0.003***	−0.003***
	(0.001)	(0.001)
健康	0.018**	0.014
	(0.009)	(0.009)
婚姻	−0.020***	−0.020***
	(0.007)	(0.007)
信任	0.014***	0.013***
	(0.003)	(0.003)
幸福	−0.008***	−0.005*
	(0.003)	(0.003)
家庭收入第四个四分位数	0.158***	0.141***
	(0.008)	(0.008)
家庭收入第三个四分位数	0.106***	0.096***
	(0.008)	(0.008)
家庭收入第二个四分位数	0.055***	0.053***
	(0.008)	(0.008)
常数项	−1.680***	−2.274***
	(0.493)	(0.499)
省份虚拟变量	否	是
N	14855	14855
R^2	27.37%	30.41%

注:括号中为稳健标准误,***、**、*分别表示在1%、5%和10%的统计水平上显著。

综上分析,通过在线用户与用户互动对家庭风险金融资产占比进行回归分析,在考虑样本特征、稳健性与内生性检验结果后,本部分依然得出用户与用户互动对家庭风险金融市场资产占比的影响不大的结论。尽管两者之间呈正相关关系,但这种影响作用并不显著,效果较小,即人们很难通过网络在线交互影响家庭对风险金融资产投资的配置。

第三节　用户与信息互动对家庭金融资产配置的理论分析

在线社会互动可以分为用户互动与机器互动,本章的第一节与第二节重点阐述由计算机技术促成的用户与用户互动对家庭金融资产配置问题的影响。本节将对机器互动(也被称为用户与信息的交互)即用户与技术产生的互动(Hoffman & Novak,1996)影响家庭金融资产配置问题进行分析。

在网络空间的信息是用户与信息交互所产生的信息,这里的信息可以作为"物"体现,信息对象可以是一种存储格式(比如,物理的或数字的存储),也可以是多种人类的表达方式(比如,视觉、听觉和触觉等)。人与数字信息的大规模网络交互导致新型数字信息影响人们的感官与体验,进而转化为人们脑中对信息的认知与判断(Marchionini,2008)。互联网提供了个人迅速获取大量信息的机会,并通过各种在线的不同形式的人际交互来实现相互之间的沟通(Ekström & Östman,2015)。

基于网络的社交媒体承载了大量用户与信息的交互,这些交互允许信息在网络社区进行传播。Novak 等(2018)将赫芬达尔—赫希曼指数(HHI)和 Twitter 用户影响力相结合,利用为期 10 个月的 Twitter 社区个人与组织发布的帖子,分析 Twitter 涵盖的责任投资。将"转发"定义为 Twitter 社群中传播信息的主要影响力。利用 H 指数分析网络中用户社会影响力的大小。研究发现,公共部门、媒体或学术界并不具备相当的影响力。社区的交互是分散和多样化的,讨论的主体和使用的词汇在不同的社区存在很大差异,而且不同的社区倾向于使用不同的语言。因此,在线用户与信息交互具备多样化、分散化、差异化、零散化的特点,对金融市场造成一定影响。

在用户与信息交互的过程中,信息传播会导致股票价格的波动。第一,由于人们受到说服偏见的影响,他们不会考虑收到信息的重复性(De-

Marzo et al. ,2003)。因而在互联网股票留言板上,人们会遵循有影响力的代理人的信息,于是,在均衡中,所有的代理人都愿意遵循有影响力的代理人的信息,因为他们的话会影响市场。这就导致人们会去互联网股票留言板上留言,同时解释了为什么其他人会去浏览互联网股票留言板上的信息。第二,投资者也有可能考虑每一笔投资的固定成本,而减少投资次数。当看到互联网股票留言板中有类似的投资信号时,会增加投资的可能性(Antweiler & Frank,2004)。第三,互联网上的信息还包含了情绪,传播迅速的情绪更可能被纳入股票价格,而传播缓慢的情绪需要更长的时间才能被纳入股票价格。有更少关注者的博主在 Twitter 上对特定公司的情绪对下一个交易日、未来 10 天和未来 20 天的股票回报有显著影响,基于此的交易策略将会带来 11%～15% 的年收益率(Sul et al. ,2017)。因此,在互联网环境中,用户与信息交互会增强股票市场价格波动。

用户从不同互联网渠道获得信息也会引起投资者不同的反馈。Elliott 等(2018)指出,投资者通过 CEO 自己的 Twitter 社交账户获得了公司负面收益的帖子,而不是通过公司的网站或与投资者有关系的 Twitter 账号时,将会对 CEO 表现出更多的信任,并乐意对公司进行投资。进一步研究指出,重复的负面新闻不会对从 CEO 的 Twitter 账户获得消息的投资者产生增量影响,但会对通过其他披露媒介获得消息的投资者产生进一步的负面影响,尤其是通过投资者关系的 Twitter 账户获得消息的投资者。随着信息技术的进一步发展,基于人工智能的机器人投资顾问以较低的成本为家庭提供专业的理财建议。Morana 等(2020)研究了拟人化机器人聊天顾问对用户信任和信念的影响,并探究了用户遵循其建议的可能性。研究发现,拟人化设计影响了用户对聊天机器人的社交存在感。虽然聊天机器人的信任和信念增强了用户遵循聊天机器人推荐的可能性,但聊天机器人的社交存在通过信任和信念间接地积极影响用户遵循推荐的可能性。

机器人投资顾问为用户提供不同于线下人类投资顾问的信息与交互。在加入机器人投资顾问的服务后,用户增加了金融风险承担,持有更多元化的投资组合,持有指数基金的比例更大,表现出更低的本土偏见和趋势追逐,并增加了他们的(买入)周转率。这些影响通常比以前与真人投资顾问合作过的投资者更强(Loos et al.,2020)。但是用户从机器人投资顾问中获得的信息并不能完全取代与线下人类投资顾问的交互。Brenner 和 Meyll(2020)研究指出,使用机器人聊天顾问和寻求人类理财建议之间存在强烈的负相关关系。害怕受到投资欺诈的用户将更乐意选择机器人聊天顾问,因为他们更少地体现出潜在的利益冲突关系。

基于以上分析,本书认为,数智化时代用户可以通过股票交易网站、媒体公众号、公司网站、社交账号、银行或证券机器人投资顾问等多种基于在线互联网的渠道获得对家庭金融资产配置的信息。由于在线用户与信息的交互会增强信息传播力度,强化投资信号,提升用户信任水平,降低用户获取信息的成本,增强金融风险承受能力,因而获得更多信息交互的家庭,将提升家庭的风险金融资产配置。

本节涉及的主要变量为用户与信息互动,其变量选取情况已于第三章第二节"变量选取与描述性统计"中进行详细介绍,故在本节不再重复赘述。

第四节　用户与信息互动对家庭金融资产配置的实证检验

一、用户与信息互动对家庭风险金融市场参与的实证分析

采用 Probit 回归模型对用户与信息互动影响家庭风险金融市场参与情况进行实证检验。其中,因变量为家庭风险金融市场参与,自变量为在线用户与信息之间的交互,具体定义如表 3-1 所示。

对用户与信息互动对家庭风险金融市场参与情况进行实证分析。表4-10 展示了用户与信息互动对家庭风险金融市场参与的 Probit 回归分析边际效应结果。其中列(1)展示了用户与信息互动影响家庭风险金融市场参与情况,列(2)展示了线下社会互动(志愿服务)影响家庭风险金融市场参与情况,列(3)包含了在线及线下社会互动影响家庭风险金融市场参与情况。列(4)—(6)在列(1)—(3)的基础上增加了省份虚拟变量,以

获得更严格的控制效果。

根据表 4-10 中的列（4），用户与信息互动在 1% 水平上显著正向影响家庭风险金融市场参与，家庭用户与信息互动每增加 1%，其风险金融市场参与概率增加 5.7%。在本样本中，19.25% 的参与率表示家庭参与金融风险市场的概率增加了 29.61%（5.7/19.25）。结论显示，用户与信息互动对家庭风险金融市场参与的影响大于在线社会互动的影响。因此，在线社会互动中用户与用户互动削弱了在线社会互动对家庭金融风险市场参与的可能性，主要是由于在线社会互动中用户与信息的互动导致家庭提升了金融分析市场的参与。且在列（6）增加了省份虚拟变量后，用户与信息互动对家庭风险金融市场参与概率的影响基本保持不变，这说明用户与信息互动对家庭风险金融市场参与概率的影响在省份间差异不大。

表 4-10　用户与信息互动影响家庭风险金融市场参与的实证结果

项　目	(1)	(2)	(3)	(4)	(5)	(6)
用户与信息互动	0.060***		0.059***	0.057***		0.056***
	(0.007)		(0.007)	(0.007)		(0.007)
志愿服务		0.032***	0.029***		0.024***	0.022***
		(0.006)	(0.006)		(0.006)	(0.006)
家庭规模	−0.007***	−0.007***	−0.007***	−0.007***	−0.007***	−0.007***
	(0.002)	(0.002)	(0.002)	(0.002)	(0.002)	(0.002)
性别	0.029***	0.026***	0.028***	0.023***	0.020***	0.022***
	(0.007)	(0.007)	(0.007)	(0.007)	(0.007)	(0.007)
年龄	1.881**	1.956**	1.936**	2.993***	3.066***	3.020***
	(0.774)	(0.775)	(0.774)	(0.773)	(0.775)	(0.773)
年龄平方项	−0.427*	−0.450**	−0.444*	−0.765***	−0.787***	−0.773***
	(0.228)	(0.228)	(0.228)	(0.227)	(0.228)	(0.227)
农村	−0.216***	−0.219***	−0.214***	−0.198***	−0.201***	−0.197***
	(0.014)	(0.014)	(0.014)	(0.013)	(0.013)	(0.013)
教育	0.094***	0.095***	0.091***	0.097***	0.098***	0.094***
	(0.006)	(0.006)	(0.006)	(0.006)	(0.006)	(0.006)
工作	−0.002***	−0.002***	−0.002***	−0.002***	−0.002***	−0.002***
	(0.001)	(0.001)	(0.001)	(0.001)	(0.001)	(0.001)
健康	0.022*	0.023**	0.021*	0.017	0.018	0.016
	(0.011)	(0.011)	(0.011)	(0.011)	(0.011)	(0.011)
婚姻	−0.008	−0.007	−0.006	−0.006	−0.006	−0.005
	(0.010)	(0.010)	(0.010)	(0.010)	(0.010)	(0.010)
信任	0.023***	0.022***	0.022***	0.020***	0.020***	0.019***
	(0.003)	(0.003)	(0.003)	(0.003)	(0.003)	(0.003)

续表

项　目	(1)	(2)	(3)	(4)	(5)	(6)
幸福	−0.009**	−0.010***	−0.010***	−0.006	−0.006*	−0.006*
	(0.004)	(0.004)	(0.004)	(0.004)	(0.004)	(0.004)
家庭收入第四个四分位数	0.227***	0.231***	0.224***	0.198***	0.202***	0.196***
	(0.009)	(0.009)	(0.009)	(0.009)	(0.009)	(0.009)
家庭收入第三个四分位数	0.141***	0.145***	0.140***	0.125***	0.128***	0.124***
	(0.009)	(0.009)	(0.009)	(0.009)	(0.009)	(0.009)
家庭收入第二个四分位数	0.060***	0.064***	0.060***	0.056***	0.059***	0.056***
	(0.010)	(0.010)	(0.010)	(0.010)	(0.010)	(0.010)
省份虚拟变量	无	无	无	控制	控制	控制
N	16891	16891	16891	16891	16891	16891
R^2	15.97%	15.67%	16.11%	17.99%	17.66%	18.07%

注:数字为各变量的边际值,括号中为稳健标准误,***、**、*分别表示在1%、5%和10%的统计水平上显著。

二、稳健性检验

在前一节的基础上,考虑遗漏变量、联立性偏误与测量误差等的影响,本节对用户与信息互动对家庭风险金融市场参与进行稳健性检验。同样采用增加线下社会互动变量、采用倾向匹配法、剔除三年困难时期出生人口三种方式进行稳健性检验。

(一)增加线下社会互动变量

采用"现金礼物"作为新增线下社会互动变量,通过现金礼物支出与家庭总收入的比例来衡量其对家庭风险金融市场参与的影响。由于"党员"社会互动变量在第三章中显示对家庭金融资产配置影响并不显著,故本节不再加入回归方程。

回归结果见表4-11,其中列(1)、列(2)显示用户与信息互动对家庭风险金融市场参与的 Probit 回归模型实证结果,列(2)在列(1)基础上增加了省份虚拟变量。与基础 Probit 回归模型一致,在列(1)中,用户与信息互动在1%水平上显著正向影响家庭风险金融市场参与,且该影响大于在线社会互动与线下社会互动。因此,该结论在增加了"现金礼物"线下互动变量后依然一致,故已有研究结论具有稳健性。

表 4-11 增加线下社会互动的实证结果

项　目	家庭风险金融市场参与	
	(1)	(2)
用户与信息互动	0.059***	0.056***
	(0.007)	(0.007)
志愿服务	0.029***	0.022***
	(0.006)	(0.006)
现金礼物	0.062**	0.060**
	(0.027)	(0.026)
家庭规模	−0.007***	−0.007***
	(0.002)	(0.002)
性别	0.028***	0.022***
	(0.007)	(0.007)
年龄	1.917**	3.002***
	(0.774)	(0.773)
年龄平方项	−0.437*	−0.767***
	(0.228)	(0.227)
农村	−0.214***	−0.196***
	(0.014)	(0.013)
教育	0.091***	0.094***
	(0.006)	(0.006)
工作	−0.002***	−0.002***
	(0.001)	(0.001)
健康	0.021*	0.016
	(0.011)	(0.011)
婚姻	−0.007	−0.006
	(0.010)	(0.010)
信任	0.022***	0.019***
	(0.003)	(0.003)
幸福	−0.010***	−0.006*
	(0.004)	(0.004)
家庭收入第四个四分位数	0.229***	0.200***
	(0.009)	(0.010)
家庭收入第三个四分位数	0.144***	0.128***
	(0.010)	(0.010)
家庭收入第二个四分位数	0.064***	0.060***
	(0.010)	(0.010)
省份虚拟变量	无	控制
N	16891	16891
R^2	16.14%	18.10%

注:括号中为稳健标准误.***、**、*分别表示在1%、5%和10%的统计水平上显著.

（二）倾向得分匹配法

采用邻近匹配法、一对一匹配法、一对四匹配法分别对包含省份控制变量及不包含省份控制变量的情况下，用户与信息互动影响家庭风险金融市场参与的情况进行估计，结果如表 4-12 所示。其中，无论是否包含省份控制变量，邻近匹配法、一对一匹配法和一对四匹配法的 ATT 值都在 1％水平上显著为正。这说明在控制样本自选择带来的系统性差异后，用户与信息互动对家庭风险金融市场参与的影响依然显著为正，前述结果具有稳健性。

表 4-12　用户与信息互动影响家庭风险金融市场参与的估计结果

匹配方法	ATT 值	是否包含省份控制变量
邻近匹配法	0.0647***	是
一对一匹配法	0.0573***	是
一对四匹配法	0.0587***	是
邻近匹配法	0.049***	否
一对一匹配法	0.0543***	否
一对四匹配法	0.0639***	否

注：***表示在1％的统计水平上显著。

（三）剔除三年困难时期出生人口

与前述研究保持一致做法，剔除人口早期营养冲击对后期投资选择的影响，即将 1959—1961 年中国三年困难时期出生的人排除在分析之外，进一步对用户与信息互动和家庭风险金融市场参与进行分析。

实证结果见表 4-13，列（1）、（2）显示用户与信息互动对家庭风险金融市场参与的 Probit 回归模型实证检验的边际结果。其中，列（2）在列（1）基础上增加了省份虚拟变量。结论显示，用户与信息互动对家庭风险金融市场参与在 1％水平上呈显著正相关。在剔除 1959—1961 年三年困难时期出生的人口数据后，家庭用户与信息互动每增加 1％，其风险金融市场参与概率增加约 5.8％。结论与基础模型相差不大，说明用户与信息互动显著提升了家庭风险金融市场参与的结论具有稳健性。

表 4-13　剔除 1959—1961 年出生人口样本后的实证结果

项　目	(1)	(2)
用户与信息互动	0.060***	0.058***
	(0.007)	(0.007)
志愿服务	0.031***	0.023***
	(0.006)	(0.006)
家庭规模	−0.009***	−0.009***
	(0.003)	(0.003)
性别	0.028***	0.023***
	(0.007)	(0.007)
年龄	2.722***	3.779***
	(0.809)	(0.808)
年龄平方项	−0.677***	−0.999***
	(0.238)	(0.237)
农村	−0.206***	−0.187***
	(0.015)	(0.015)
教育	0.089***	0.093***
	(0.007)	(0.007)
工作	−0.003***	−0.003***
	(0.001)	(0.001)
健康	0.026**	0.020
	(0.012)	(0.012)
婚姻	−0.012	−0.011
	(0.010)	(0.010)
信任	0.021***	0.018***
	(0.004)	(0.004)
幸福	−0.007*	−0.004
	(0.004)	(0.004)
家庭收入第四个四分位数	0.232***	0.202***
	(0.010)	(0.010)
家庭收入第三个四分位数	0.145***	0.129***
	(0.010)	(0.010)
家庭收入第二个四分位数	0.064***	0.061***
	(0.011)	(0.010)
省份虚拟变量	否	是
N	14855	14855
R^2	15.91%	17.86%

注:括号中为稳健标准误,***、**、*分别表示在1%、5%和10%的统计水平上显著。

　　综上分析,本部分探索了在线社会互动中,用户与信息互动对家庭风险金融市场参与的影响。在考虑样本特征、稳健性与内生性检验结果后,本书认为,用户与信息互动可以显著提升家庭风险金融市场参与。对于在线社会互动而言,用户与信息互动是在线社会互动提升家庭风险金融市场参与的重要渠道。人们通过互联网媒介,获取各方面的信息,进而影响家庭风险金融市场参与决策。

三、用户与信息互动对家庭风险金融资产占比的实证分析

通过 Tobit 回归模型对用户与信息互动影响家庭风险金融资产占比情况进行实证检验。其中,家庭的风险金融资产占比为因变量。在线用户与信息之间的交互关系为自变量,具体定义如表 3-1 所示。

对用户与信息互动对家庭风险金融市场资产占比情况进行实证分析。表 4-14 展示了用户与信息互动对家庭风险金融资产占比的 Tobit 回归分析结果。其中,列(1)展示了用户与信息互动影响家庭风险金融资产占比的情况,列(2)展示了线下社会互动(志愿服务)影响家庭风险金融资产占比的情况,列(3)展示了在线及线下社会互动影响家庭风险金融资产占比的情况。列(4)—(6)在列(1)—(3)的基础上增加了省份虚拟变量,以获得更严格的控制效果。

根据表 4-14 中的列(4)所示,用户与信息互动估计系数为 0.041,在 1% 水平上显著正向影响家庭风险金融资产占比,其影响程度大于在线社会互动(估计系数为 0.028),以及线下面对面交互(估计系数为 0.014)对家庭风险金融资产占比的影响。因此,首先,用户与信息互动是影响家庭风险金融资产占比的主要因素。在线社会互动中用户与信息互动可以帮助用户获得更多关于投资和金融领域的信息,股票交易网站、财经网站、专业论坛等各种形式的交互都提供了丰富的投资建议、经济趋势分析及其他用户的投资经验。通过多种渠道的在线交互,用户扩大了对金融市场与金融消息的认识和理解,从而扩大了信息获取面的广度,并提升了对已获得信息的理解力。其次,用户与信息互动会影响用户心理状态,其他投资者的投资建议与意见可能会改变他们对既定信息的信任水平及所持的风险态度,从而影响到风险金融资产占比的决策。

表 4-14   用户与信息互动和家庭风险金融资产占比的实证结果

项　目	(1)	(2)	(3)	(4)	(5)	(6)
用户与信息 互动	0.042*** (0.005)		0.042*** (0.005)	0.041*** (0.005)		0.040*** (0.005)
志愿服务		0.019*** (0.004)	0.017*** (0.004)		0.014*** (0.004)	0.013*** (0.004)
家庭规模	−0.005*** (0.002)	−0.005*** (0.002)	−0.005*** (0.002)	−0.005*** (0.002)	−0.005*** (0.002)	−0.005*** (0.002)
性别	0.016*** (0.005)	0.014*** (0.005)	0.015*** (0.005)	0.012** (0.005)	0.010** (0.005)	0.012** (0.005)
年龄	0.733 (0.558)	0.781 (0.559)	0.765 (0.558)	1.426** (0.564)	1.474*** (0.565)	1.443** (0.564)
年龄平方项	−0.124 (0.164)	−0.139 (0.164)	−0.134 (0.164)	−0.334** (0.166)	−0.349** (0.166)	−0.339** (0.166)
农村	−0.154*** (0.010)	−0.157*** (0.010)	−0.153*** (0.010)	−0.145*** (0.010)	−0.148*** (0.010)	−0.145*** (0.010)
教育	0.064*** (0.005)	0.064*** (0.005)	0.062*** (0.005)	0.066*** (0.005)	0.067*** (0.005)	0.065*** (0.005)
工作	−0.002*** (0.001)	−0.002*** (0.001)	−0.002*** (0.001)	−0.002*** (0.001)	−0.002*** (0.001)	−0.002*** (0.001)
健康	0.015* (0.008)	0.016* (0.008)	0.015* (0.008)	0.012 (0.008)	0.013 (0.008)	0.012 (0.008)
婚姻	−0.015** (0.007)	−0.014** (0.007)	−0.014** (0.007)	−0.014** (0.007)	−0.014** (0.007)	−0.014* (0.007)
信任	0.015*** (0.002)	0.015*** (0.002)	0.014*** (0.002)	0.013*** (0.002)	0.013*** (0.002)	0.013*** (0.002)
幸福	−0.009*** (0.003)	−0.009*** (0.003)	−0.009*** (0.003)	−0.007** (0.003)	−0.007** (0.003)	−0.007** (0.003)
家庭收入第四 个四分位数	0.151*** (0.007)	0.154*** (0.007)	0.149*** (0.007)	0.134*** (0.007)	0.138*** (0.007)	0.133*** (0.007)
家庭收入第三 个四分位数	0.100*** (0.007)	0.102*** (0.007)	0.099*** (0.007)	0.091*** (0.007)	0.093*** (0.007)	0.090*** (0.007)
家庭收入第二 个四分位数	0.050*** (0.007)	0.052*** (0.007)	0.050*** (0.007)	0.047*** (0.007)	0.050*** (0.007)	0.047*** (0.007)
常数项	−1.162** (0.472)	−1.175** (0.472)	−1.190** (0.472)	−1.750*** (0.477)	−1.764*** (0.478)	−1.765*** (0.477)
省份虚拟变量	无	无	无	控制	控制	控制
N	16891	16891	16891	16891	16891	16891
R^2	28.38%	27.74%	28.58%	31.52%	30.84%	31.63%

注:数字为各变量的边际值,括号中为稳健标准误,***、**、*分别表示在1%、5%和10%的统计水平上显著。

四、稳健性检验

本部分对用户与信息互动对家庭风险金融资产占比进行稳健性检验,主要考虑遗漏变量、联立性偏误与测量误差等的影响。通过增加线下社会互动变量、采用倾向匹配法、剔除三年困难时期出生人口三种方式进行稳健性检验。

(一)增加线下社会互动变量

采用"现金礼物"作为新增线下社会互动变量,通过"现金礼物"支出与家庭总收入的比例来衡量其对家庭风险金融资产占比的影响。由于"党员"社会互动变量在第三章中显示对家庭金融资产配置影响并不显著,故本节不再加入回归方程。

回归结果见表 4-15,其中列(1)、列(2)显示用户与信息互动对家庭风险金融资产占比的 Tobit 回归模型实证结果,列(2)在列(1)基础上增加了省份虚拟变量。与基础 Tobit 回归模型一致,在列(1)中,用户与信息互动在 1% 水平上显著正向影响家庭风险金融市场的参与决策。因此,该结论在增加了"现金礼物"线下互动变量后依然一致,故已有研究结论具有稳健性。

表 4-15　增加线下社会互动的实证结果

项　目	家庭风险金融市场参与	
	(1)	(2)
用户与信息互动	0.042*** (0.005)	0.040*** (0.005)
志愿服务	0.017*** (0.004)	0.013*** (0.004)
现金礼物	0.060*** (0.019)	0.058*** (0.019)
家庭规模	−0.005*** (0.002)	−0.005*** (0.002)
性别	0.015*** (0.005)	0.012** (0.005)
年龄	0.753 (0.558)	1.430** (0.564)
年龄平方项	−0.130 (0.164)	−0.335** (0.166)

续表

项　目	家庭风险金融市场参与	
	(1)	(2)
农村	−0.153***	−0.144***
	(0.010)	(0.010)
教育	0.062***	0.064***
	(0.005)	(0.005)
工作	−0.002***	−0.002***
	(0.001)	(0.001)
健康	0.015*	0.012
	(0.008)	(0.008)
婚姻	−0.015**	−0.014**
	(0.007)	(0.007)
信任	0.014***	0.013***
	(0.002)	(0.002)
幸福	−0.009***	−0.007**
	(0.003)	(0.003)
家庭收入第四个四分位数	0.154***	0.137***
	(0.007)	(0.008)
家庭收入第三个四分位数	0.103***	0.094***
	(0.007)	(0.007)
家庭收入第二个四分位数	0.054***	0.051***
	(0.007)	(0.007)
省份虚拟变量	无	控制
N	16891	16891
R^2	16.14%	31.73%

注:括号中为稳健标准误,***、**、*分别表示在1%、5%和10%的统计水平上显著。

(二)倾向得分匹配法

通过倾向得分匹配法的邻近匹配法、一对一匹配法、一对四匹配法,本节分别对包含省份控制变量及不包含省份控制变量下,用户与信息互动对家庭风险金融市场资产占比进行估计,具体结果如表4-16所示。其中,无论是否包含省份控制变量,邻近匹配法、一对一匹配法和一对四匹配法的ATT值都在1%水平上显著为正。这说明在控制样本自选择带来的系统性差异后,用户与信息互动对家庭风险金融资产占比的影响依然显著为正,前述结果具有稳健性。

表 4-16　用户与信息互动影响家庭风险金融市场参与的估计结果

匹配方法	ATT 值	是否包含省份控制变量
邻近匹配法	0.00751***	是
一对一匹配法	0.00678***	是
一对四匹配法	0.0069***	是
邻近匹配法	0.0059***	否
一对一匹配法	0.006***	否
一对四匹配法	0.0064***	否

注:括号中为稳健标准误,***、**、*分别表示在1%、5%和10%的统计水平上显著。

(三)剔除三年困难时期出生人口

在前述研究的基础上,采用剔除人口早期营养冲击对后期投资选择的影响,即将 1959—1961 年中国三年困难时期出生的人排除在分析之外,进一步对用户与信息互动对家庭风险金融资产占比的影响进行分析。

实证结果如表 4-17 所示,列(1)、列(2)显示用户与信息互动对家庭风险金融资产占比的 Tobit 回归模型实证结果。其中,列(2)在列(1)基础上增加了省份虚拟变量。结论显示,用户与信息互动与家庭风险金融资产占比在 1% 水平上呈显著正相关。在剔除 1959—1961 年中国三年困难时期出生的人口数据后,家庭用户与信息互动对风险金融资产占比的影响依然积极且显著。结论与基础模型相差不大,说明用户与信息互动显著提升了家庭风险金融资产占比的结论具有稳健性。

表 4-17　剔除 1959—1961 年出生人口样本后的实证结果

项　目	(1)	(2)
用户与信息互动	0.042***	0.041***
	(0.006)	(0.006)
志愿服务	0.018***	0.014***
	(0.005)	(0.005)
家庭规模	−0.007***	−0.007***
	(0.002)	(0.002)
性别	0.015***	0.012**
	(0.005)	(0.005)
年龄	1.352**	2.029***
	(0.583)	(0.589)

续表

项 目	(1)	(2)
年龄平方项	−0.307* (0.171)	−0.512*** (0.173)
农村	−0.146*** (0.011)	−0.137*** (0.011)
教育	0.062*** (0.005)	0.065*** (0.005)
工作	−0.003*** (0.001)	−0.003*** (0.001)
健康	0.016* (0.009)	0.013 (0.009)
婚姻	−0.019*** (0.007)	−0.019** (0.007)
信任	0.014*** (0.003)	0.012*** (0.003)
幸福	−0.008** (0.003)	−0.005* (0.003)
家庭收入第四个四分位数	0.154*** (0.008)	0.137*** (0.008)
家庭收入第三个四分位数	0.102*** (0.008)	0.093*** (0.008)
家庭收入第二个四分位数	0.053*** (0.008)	0.050*** (0.008)
常数项	−1.686*** (0.493)	−2.266*** (0.499)
省份虚拟变量	否	是
N	14855	14855
R^2	28.20%	31.19%

注:括号中为稳健标准误,***、**、*分别表示在1%、5%和10%的统计水平上显著。

本部分探索了在线社会互动中,用户与信息互动对家庭风险金融资产占比的影响。在考虑样本特征、稳健性与内生性检验结果后,实证结果依然稳健。本书认为,用户与信息互动可以显著提升家庭风险金融资产占比。这种影响作用大于在线社会互动对家庭金融资产配置的影响,说明用户与信息互动是积极提升家庭金融资产配置的主要因素。通过互联网媒介,家庭可以获得更多的信息与交互,从而影响家庭对金融资产配置的态度,最终影响家庭金融资产配置决策。

第五节 用户与用户互动、用户与信息 互动的进一步分析

一、相关性分析

本书将在线社会互动分为用户与用户互动和用户与信息互动来探索其对家庭金融资产配置的影响。研究结果显示,用户与信息互动对家庭金融资产配置的影响大于在线社会互动的总体影响,而用户与用户互动对家庭金融资产配置的影响不大。故本节对三者之间的关系进行进一步分析。首先对样本进行相关性分析,具体结果如表4-18所示。

从相关性分析可知,在线社会互动与风险金融市场参与、风险金融资产占比显著正相关;用户与信息互动与风险金融市场参与、风险金融资产占比显著正相关;但用户与用户互动和风险金融市场参与、风险金融资产占比相关性较弱且不显著。此外,用户与用户互动、用户与信息互动之间具有显著正相关关系。

因此,本书认为,用户与用户互动和用户与信息互动之间可能存在相关关系,进而影响家庭金融资产配置决策。由于用户与用户互动伴随着在线交互带来的信息交换,因此在用户与用户互动的过程中也存在用户之间信息的交互,而用户在股票留言板、微博、财经论坛中发现的其他用户的帖子或信息也可被视为一种时间间隔较长、具有讨论意义的、结合了多方意见与建议的用户与用户交互。故本书假设用户与用户交互并不直接影响家庭金融资产配置决策,而是影响用户与信息交互。

表4-18 主要变量相关性分析

项 目	风险金融市场参与	风险金融资产占比	在线社会互动	用户与用户互动	用户与信息互动
风险金融市场参与	1.0000				
风险金融资产占比	0.5612***	1.0000			
在线社会互动	0.0332***	0.0160**	1.0000		

项　目	风险金融市场参与	风险金融资产占比	在线社会互动	用户与用户互动	用户与信息互动
用户与用户互动	0.0083	−0.0101	0.5616***	1.0000	
用户与信息互动	0.1141***	0.0665***	0.4154***	0.0876***	1.0000

注:***、**、*分别表示在1%、5%和10%的统计水平上显著。

二、模型设定

参考相关性分析的结论,构建以下模型,探索用户与信息互动和用户与用户互动之间的关系。

(1)采用 Probit 回归模型验证用户与用户互动对用户与信息互动的影响。具体模型如下所示:

$$\text{Infor}_i = 1(\beta_1 \text{User}_i + \beta_2 \text{Controls}_i + \mu_i > 0)$$

其中,Infor_i 为虚拟变量,代表每一个 i 家庭用户与信息互动情况,若家庭参与线上社交只是为了了解资讯,则用户与用户互动变量值为 1,否则为 0。故采用 Probit 模型检验用户与信息互动和用户与用户互动之间的关系。$\text{Stockownership}_i = 1(\alpha_1 \text{Socialsupport}_i + \alpha_2 \text{Controls}_i + \mu_i > 0)$ User_i 同样为虚拟变量,代表每一个与互联网交互的家庭进行"社交(微信/QQ 等聊天,逛贴吧等)"的情况,若家庭参与线上社交,存在利用微信/QQ 等聊天、逛贴吧等情况,则用户与用户互动变量值为 1,否则为 0。Controls_i 是控制变量,包括每一个 i 家庭的人格结构、家庭特征与地域特征变量。μ_i 是随机扰动项,且 $\mu_i \sim N(0, \sigma^2)$。

(2)采用 Probit 回归模型验证用户与用户互动、用户与信息互动对家庭风险金融市场参与的影响。具体模型如下所示:

$$\text{Stockownership}_i = 1(\beta_3 \text{User}_i + \beta_4 \text{Infor}_i + \beta_4 \text{Controls}_i + \mu_i > 0)$$

其中,风险金融市场参与是虚拟变量,主要衡量家庭是否通过风险金融市场直接或间接持有股票。如果家庭直接或间接通过风险金融市场持有股票,则该变量的值为 1,否则为 0,具体定义与第三章一致。$\text{Stockownership}_i = 1(\alpha_1 \text{Socialsupport}_i + \alpha_2 \text{Controls}_i + \mu_i > 0)$ User_i 与 Infor_i 的定义与前述保持一致。Controls_i 是控制变量,包括每一个 i 家庭的人格结构、家庭特征与地域特征变量。μ_i 是随机扰动项,且 $\mu_i \sim N(0, \sigma^2)$。

（3）采用 Tobit 回归模型验证用户与用户互动、用户与信息互动对家庭风险金融资产占比的影响。具体模型如下所示：

$$\text{Stockshare}_i^* = \gamma_1 \text{User}_i + \gamma_2 \text{Infor}_i + \gamma_3 \text{Controls}_i + \varepsilon_i$$

$$\text{Stockshare}_i = \max(0, \text{Stockshare}_i^*)$$

其中，Stockshare_i代表家庭风险金融资产占金融总资产的比例（Lee，2023；Zhang et al.，2021），其数值在 0 与 1 之间，同时包含有大量数值为 0 的情况。User_i与Infor_i的定义与前述保持一致，Controls_i代表控制变量，ε_i为随机变量，且$\varepsilon_i \sim N(0, \sigma^2)$。

三、实证检验结果

（一）用户与用户互动对用户与信息互动的影响

表 4-19 中的列（1）与列（3）显示的是用户与信息互动、用户与用户互动的 Probit 回归结果，其中列（3）在列（1）基础上增加了省份虚拟变量。列（2）与列（4）显示的是用户与信息互动、用户与用户互动的 Probit 回归边际效应结果，其中列（4）在列（2）基础上增加了省份虚拟变量。

结论显示，用户与用户互动在 1% 水平上显著正向影响用户与信息互动，用户与用户互动每增加 1%，用户与信息互动的概率增加约 9%。在本样本中，73% 的家庭有用户与信息互动的经历，如果增加用户与用户互动，则用户与信息互动的概率增加了 12.33%（9/73）。因此，提升互联网用户与用户的互动，可以显著增加用户与信息互动的可能性，且该作用受省份影响不大。

表 4-19　用户与用户互动对用户与信息互动的影响

项　目	（1）用户与信息互动	（2）边际结果	（3）用户与信息互动	（4）边际结果
用户与用户互动	0.292*** (0.027)	0.093*** (0.009)	0.287*** (0.028)	0.091*** (0.009)
家庭规模	0.004 (0.009)	0.001 (0.003)	0.007 (0.009)	0.002 (0.003)
性别	−0.106*** (0.027)	−0.034*** (0.009)	−0.111*** (0.027)	−0.035*** (0.009)
年龄	−1.772 (2.789)	−0.564 (0.887)	−0.942 (2.818)	−0.298 (0.892)

项　目	(1) 用户与信息互动	(2) 边际结果	(3) 用户与信息互动	(4) 边际结果
年龄平方项	0.562 (0.822)	0.179 (0.261)	0.309 (0.831)	0.098 (0.263)
农村	−0.223*** (0.029)	−0.071*** (0.009)	−0.228*** (0.030)	−0.072*** (0.009)
教育	0.266*** (0.027)	0.084*** (0.008)	0.265*** (0.027)	0.084*** (0.008)
工作	0.004* (0.003)	0.001* (0.001)	0.003 (0.003)	0.001 (0.001)
健康	0.063 (0.038)	0.020 (0.012)	0.058 (0.039)	0.019 (0.012)
婚姻	0.002 (0.036)	0.001 (0.012)	−0.006 (0.037)	−0.002 (0.012)
信任	0.051*** (0.012)	0.016*** (0.004)	0.050*** (0.012)	0.016*** (0.004)
幸福	0.006 (0.014)	0.002 (0.004)	0.008 (0.014)	0.002 (0.004)
家庭收入第四 个四分位数	0.333*** (0.033)	0.106*** (0.010)	0.333*** (0.033)	0.105*** (0.010)
家庭收入第三 个四分位数	0.230*** (0.031)	0.073*** (0.010)	0.234*** (0.031)	0.074*** (0.010)
家庭收入第二 个四分位数	0.150*** (0.029)	0.048*** (0.009)	0.156*** (0.030)	0.049*** (0.009)
常数项	1.327 (2.349)	— —	0.651 (2.376)	— —
省份虚拟变量	否	否	是	是
N	16891	16891	16891	16891
R^2	3.58%	—	4.08%	—

注:括号中为稳健标准误,***、**、*分别表示在1%、5%和10%的统计水平上显著。

(二)用户与用户互动、用户与信息互动对家庭风险金融市场参与的影响

表4-20中的列(1)与列(3)显示的是用户与用户互动、用户与信息互动对家庭风险金融市场参与的 Probit 回归结果,其中列(3)在列(1)基础上增加了省份虚拟变量。列(2)与列(4)显示的是用户与用户互动、用户与信息互动对家庭风险金融市场参与的 Probit 回归边际效应结果,其中列(4)在列(2)基础上增加了省份虚拟变量。

结论显示,用户与信息互动在1‰水平上显著正向影响家庭风险金融市场参与,用户与信息互动每增加1‰,用户与信息互动的概率增加约5.5‰。在本样本中,19.25‰的参与率表示家庭参与金融风险市场的概率增加了28.57‰(5.5/19.25)。而用户与用户互动对家庭风险金融市场参与具有正向的影响关系,但该关系并不显著。因此,在在线社会互动中,用户与信息互动是显著提升家庭风险金融市场参与的主要因素,且该作用受省份影响不大。

表 4-20　用户与用户互动、用户与信息互动对家庭风险金融市场参与的影响

项　目	(1) 家庭风险金融市场参与	(2) 边际结果	(3) 家庭风险金融市场参与	(4) 边际结果
用户与信息互动	0.249*** (0.030)	0.058*** (0.007)	0.245*** (0.031)	0.055*** (0.007)
用户与用户互动	0.042 (0.033)	0.010 (0.008)	0.025 (0.034)	0.006 (0.008)
家庭规模	0.126*** (0.026)	0.029*** (0.006)	0.096*** (0.026)	0.022*** (0.006)
性别	−0.032*** (0.011)	−0.007*** (0.002)	−0.032*** (0.011)	−0.007*** (0.002)
年龄	0.119*** (0.030)	0.028*** (0.007)	0.096*** (0.031)	0.022*** (0.007)
年龄平方项	8.313** (3.345)	1.924** (0.774)	13.323*** (3.425)	3.011*** (0.773)
农村	−1.895* (0.983)	−0.439* (0.228)	−3.405*** (1.007)	−0.769*** (0.227)
教育	−0.926*** (0.059)	−0.214*** (0.014)	−0.870*** (0.060)	−0.197*** (0.013)
工作	0.395*** (0.027)	0.091*** (0.006)	0.419*** (0.028)	0.095*** (0.006)
健康	−0.011*** (0.003)	−0.002*** (0.001)	0.011*** (0.003)	−0.002*** (0.001)
婚姻	0.091* (0.049)	0.021* (0.011)	0.071 (0.050)	0.016 (0.011)
信任	−0.026 (0.042)	−0.006 (0.010)	−0.023 (0.043)	−0.005 (0.010)
幸福	0.093*** (0.014)	0.022*** (0.003)	0.086*** (0.014)	0.019*** (0.003)

项　　目	(1) 家庭风险金融 市场参与	(2) 边际结果	(3) 家庭风险金融 市场参与	(4) 边际结果
家庭收入第四 个四分位数	−0.042*** (0.016)	−0.010*** (0.004)	−0.027 (0.017)	−0.006 (0.004)
家庭收入第三 个四分位数	0.967*** (0.041)	0.224*** (0.009)	0.867*** (0.042)	0.196*** (0.009)
家庭收入第二 个四分位数	0.604*** (0.041)	0.140*** (0.009)	0.547*** (0.042)	0.124*** (0.009)
常数项	−10.411*** (2.825)	— —	−14.742*** (2.895)	— —
省份虚拟变量	否	否	是	是
N	16891	16891	16891	16891
R^2	16.12%	—	18.07%	—

注:括号中为稳健标准误,***、**、*分别表示在1%、5%和10%的统计水平上显著。

(三)用户与用户互动、用户与信息互动对家庭风险金融资产占比的影响

表 4-21 中的列(1)与列(2)显示的是用户与用户互动、用户与信息互动对家庭风险金融资产占比的 Tobit 回归结果,其中列(2)在列(1)基础上增加了省份虚拟变量。结论显示,用户与信息互动在 1% 水平上显著正向影响家庭风险金融资产占比。而用户与用户互动对家庭风险金融资产占比影响不大,且关系并不显著。因此,在在线社会互动中,用户与信息互动是显著提升家庭风险金融资产占比的主要因素,且该作用受省份影响不大,不具有区域异质性。

表 4-21　用户与用户互动、用户与信息互动对家庭风险金融资产占比的影响

项　　目	(1)	(2)
用户与信息互动	0.042*** (0.005)	0.041*** (0.005)
用户与用户互动	0.005 (0.006)	0.002 (0.006)
家庭规模	−0.005*** (0.002)	−0.005*** (0.002)

续表

项　目	(1)	(2)
性别	0.016*** (0.005)	0.012** (0.005)
年龄	0.728 (0.558)	1.423** (0.564)
年龄平方项	−0.122 (0.164)	−0.333** (0.166)
农村	−0.154*** (0.010)	−0.145*** (0.010)
教育	0.064*** (0.005)	0.066*** (0.005)
工作	−0.002*** (0.001)	−0.002*** (0.001)
健康	0.015* (0.008)	0.012 (0.008)
婚姻	−0.015** (0.007)	−0.014** (0.007)
信任	0.015*** (0.002)	0.013*** (0.002)
幸福	−0.009*** (0.003)	−0.007** (0.003)
家庭收入第四个四分位数	0.151*** (0.007)	0.134*** (0.007)
家庭收入第三个四分位数	0.100*** (0.007)	0.091*** (0.007)
家庭收入第二个四分位数	0.050*** (0.007)	0.047*** (0.007)
常数项	−1.164** (0.472)	−1.750*** (0.477)
省份虚拟变量	否	是
N	16891	16891
R^2	28.39%	31.52%

注：括号中为稳健标准误，***、**、*分别表示在1%、5%和10%的统计水平上显著。

本章小结

本章从用户与用户互动、用户与信息互动两个角度,进一步分析了在线社会互动对家庭金融资产配置的影响。首先,根据理论分析,对用户与用户互动、用户与信息互动对家庭金融资产配置问题展开具体分析与推演。其次,本章分别对用户与用户互动对家庭金融资产配置、用户与信息互动对家庭金融资产配置的影响进行实证研究,运用 STATA 16.0 进行 Probit 回归模型与 Tobit 回归模型的实证分析。研究认为,用户与用户互动对家庭金融资产配置影响不大,但用户与信息互动可以积极显著促进家庭金融资产配置。已有模型均通过稳健性检验。最后,本章进一步讨论用户与用户互动、用户与信息互动之间的关系。研究通过 Probit 回归模型发现,用户与用户互动对用户与信息互动具有积极显著的正向影响。因此,本章认为,在在线社会互动中,用户与信息互动是积极显著正向促进家庭风险金融资产配置的主要因素,其影响作用大于在线社会互动本身的影响。同时,研究发现,用户与用户互动可以积极正向影响用户与信息互动。作为在线社会互动的两个因素,用户与用户互动、用户与信息互动之间互相作用,共同推动我国家庭风险金融资产配置。

第五章 在线社会互动影响家庭金融资产配置效应分析

在经济学视域下,代理人通过他们选择的行为进行相互交流,社会互动对个人决策产生的影响可以分为三种:约束互动、期望互动与偏好互动。其中,约束互动是指选择集合的相互依赖而导致的互动效应,包括选择集合互斥时的负向互动效应,以及选择集合互补时的正向互动效应。期望互动,即面对决策问题的主体会对选择不同行动后的结果形成预期。通常在不确定条件下,通过观察其他人的选择,人们可能会寻求从观察他人选择的行为和经历的结果中形成自己的未来期望。偏好互动,即个人的偏好排序受其他人的选择行为的影响,包括正向影响和负向影响。正向影响产生攀比效应,指个体想拥有其他人已拥有的商品。负向影响产生的虚荣效应,指个体想拥有只有少数人才能享有的或独一无二的商品的偏好(许文彬和李沛文,2022;Manski,2000)。

在本书中,社会互动是一种社会现象,通过社会互动来解释家庭对金融资产配置决策这一经济行为。家庭的预算约束、期望与偏好受到家庭参考群体成员的影响。家庭的参考群体主要来自家庭的社会网络,包括且不局限于网络联系的朋友、亲戚、邻居、同事等(He & Li,2020)。根据Manski(1993)的分类方式,社会互动可以分为内生互动效应和外生互动效应(也称为情景效应)。其中,内生互动效应指家庭的决策行为会受到其参照群体其他成员行为的影响。通常通过口碑效应、社会规范作用等机制产生效应。外生互动效应指家庭对金融资产配置的决策可能随着所在群体成员的外生特征而发生变化。家庭的决策会受到参考群体选择结果的影响,但家庭的决策结果不能影响群体成员。具体而言,内生互动效应指家庭对于金融资产配置的决策会参考社会网络关系人员的经验;情境效应指家庭的金融资产配置决策受到社会关系中个体特征的影响,比如受教育程度、收入等。而家庭与其社会关系网络所表现出的一致性可能不完全是内生互动效应或情景效应带来的，而是家庭间相似的个体特征和共同环境所致，这种效应被称为关联效应。与以往研究一致，关联效应在实证研究中不常被讨论。

本书对在线社会互动影响家庭金融资产配置机制进行分析，主要借鉴社会互动的内生互动效应与外生互动效应。首先，从社会互动的内生互动效应——口碑效应机制出发，对在线社会互动如何影响家庭金融资产配置决策进行研究。其次，从社会互动的内生互动效应——社会规范角度，对在线社会互动如何影响家庭金融资产配置决策进行研究。最后，从社会互动的外生互动效应角度——情景效应，对在线社会互动如何影响家庭金融资产配置决策进行研究。

第一节　在线社会互动的内生互动效应
——口碑效应分析

一、理论分析

社会互动中的口碑效应最初应用于市场营销中消费者态度及行为的研究，指个体之间对特定服务与产品进行非正式沟通与交流，进而影响消费者的购买决策（李晓梅和刘志新，2012）。Wilson 和 Peterson(1989)认为，口碑是一种消费者之间面对面的口头交流，是非正式无商业性质的信息交互。随着互联网技术的不断发展，针对网络口碑的研究也开始兴起。网络口碑(Electronic word-of-mouth)是传统口碑在网络环境下的外延和拓展。其研究始于基于计算机媒介的信息交互，是潜在的、实际的或以前的用户通过互联网为广泛用户和机构提供的对产品或公司的陈述(Hennig-Thurau et al.，2004)。Babiĉ 等(2020)指出，在营销和消费者研究范围之外，网络口碑是人与人之间共享信息的一般方式，且不具有任何商业含义。在本书的情境中，此处的口碑效应特指网络口碑，具体表现为家庭与家庭之间对家庭的风险金融资产配置决策通过互联网媒介进行的信息交互,进而影响家庭对是否参与风险金融市场,以及风险金融资产投资占比的决策。

对传统口碑效应的研究指出,口碑效应会影响基金经理对股票基金账户的投资决策。Hong 等(2005)最早讨论了投资者通过口碑传播股票信息和观点,进而影响彼此的投资决策。研究发现,同一个城市的基金经理人与共同基金经理的投资具有趋同性,当其他基金经理正在买入(卖出)某种股票时,共同基金经理在任何一个季度都更有可能买入(卖出)这种股票,且这种情况与本地偏好无关。

Pool 等(2015)设计了一个实证研究,来回答口碑效应是如何影响投资者的股票交易决策的。在区分了社区效应后,研究发现,有社会关系的基金经理有更多相似的持股和交易。其中,基本模型体现出,在控制了投资风格和基金关联成员后,基金经理互为邻居所构建的投资组合具有重叠的情况比那些经理住在同一城市但不是邻居的投资组合高出 12%。当仅有一位基金经理时,相互为邻居所构建的投资组合具有重叠的比例上升至 28%。

此外,传统的口碑效应也影响个人投资者的投资决策。Ivkovic̀ 和 Weisbenner(2007)使用 1991—1996 年 35673 个美国家庭数据,探索美国个人投资者之间的信息扩散效应。研究认为,家庭和邻居购买股票具有相似性的主要原因是存在口碑效应。当邻居购买某一行业股票的比例增加 10 个百分点时,家庭自己购买该行业股票的比例就会增加 2 个百分点。这种影响对本地股票和更乐意社交的家庭更大。

而以互联网为媒介的网络口碑效应是一种被广泛认可的社会互动,主要通过互联网在个人之间交换、分享和传播意见或经验(Wang & Chang,2013)。通过在线互动交流,个人可以开展不同程度的社会互动,从而影响他们的决策过程和行为,这种影响获得的信息比传统口碑效应对决策的影响更大(Steffes & Burgee,2009)。

用户使用网络口碑源于:(1)他们存在创造原创内容并分享现有内容的动机;(2)利他主义,互动产生社会价值、享乐收益、印象管理与形成身份(比如,高低位产品),恢复平衡,发泄、报复,经济激励;(3)拥有即时接入互联网的机会,可以低成本发布各种形式的网络口碑;(4)有能力展示产品知识、技术技能、熟练程度和能力。用户被积极鼓励接受更多的口碑信息,从而增加认知,减少购买前的评估工作,以降低感知风险,减少认知失调。有时,用户可能意外地接收到口碑信息。用户对信息的曝光程度取决于用户的互联网接入程度、可支配时间、平台特征、网络效应等。用户对信息的评估一般受到信息的接受者(人际关系的敏感性、独特性、性别、文化、对信息的参与程度)、信息特征(可信度、相似性、细节、客观性、有用性、简单性)的影响,此外,信息内容提供的机会(访问设备、信息格式、长度、呈现顺序)、认知资源技能、互联网和信息判断力同样会影响用户对信息的估计(Babič et al.,2020)。

已有研究发现,网络口碑会对投资者的投资决策造成影响。Aggarwal 等(2012)指出,网络口碑可以帮助企业实现风险资本融资。其中,负面的网络口碑的影响大于正面的网络口碑的影响,且随着融资阶段的竞争,网络口碑对融资的影响逐渐降低。热门博主的网络口碑有助于风险企业获得更高的融资额和估值。研究同时发现,网络口碑并不直接影响风险资本的投资,而是作为一种信息的来源,并利用这些信息对风险企业进行尽职调查。Bi 等(2017)利用中国众筹网站的数据,研究发现质量信号和网络口碑对用户的投资决策有显著的正向影响。结果表明,较大的介绍词数和视频数会让出资人觉得项目质量更高,而较高的点赞数和在线评论数会让出资人觉得项目具有良好的电子口碑。此外,研究数据分析表明,在中国众筹环境下,众筹项目质量信号和网络口碑对出资人的投资决策几乎有相同的影响,但项目质量信号对科技和农业项目更为重要,而网络口碑对娱乐和艺术项目更为重要。

在家庭金融方面,基于互联网的口碑传播也会影响家庭金融资产的投资决策。Liang 和 Guo(2015)认为,互联网接入成为新时代家庭获取信息的一种渠道,在线社会互动取代了传统的面对面社会互动。因此,家庭的互联网接入不仅有利于信息的准确加工(比如官方新闻信息),而且还导致网络社交的产生,带来网络口碑效应和社会乘数效应。Innayah 等(2022)以品牌信任为中介变量,分析资本市场网络口碑对消费者投资意愿的影响。研究通过调查抽样的方法发现,网络口碑直接影响品牌形象和信任,而品牌形象和信任直接影响投资意愿,网络口碑不直接影响投资意愿。

综上所述,数智化时代的网络口碑更多地以一种信息媒介影响家庭金融资产配置决策,网络口碑(在线评论、论坛留言等)通过网络传播各种信息,直接或间接影响了对应公司的形象和投资者对其的信任程度,它通过信息交换渠道衡量同伴之间有效的社会学习能力(Banerjee,1992;Ellison & Fudenberg,1995)。观察学习能力理论认为,人们通过观察性学习等内生互动形式,可以获得投资所需要的信息(Bikhchandani et al.,1992)。因此,该机制表明,当用户进行在线互动时,他们通过互联网媒介,或与同伴交谈,或浏览论坛、网站的公开信息,也可以咨询 AI 投资顾问,获得对风险金融资产的投资决策意见与建议,从而获得参考依据。便捷的网络获得性可以大大缩减他们获得信息与交互的难度,降低信息可获得的成本,缩短参与风险金融市场的心理距离,进而促进风险金融资产持有。在股票市场参与比例高的地区,网络社会互动会导致更广泛的信息交换和更低的参与成本。家庭将更容易参与股票市场,在线社会互动的影响将更加明显(Hong et al.,2004)。据此,本节假设如下:

用户与信息互动存在内生互动效应——口碑效应机制,即在线社会互动具有社会学习的乘数效应,区域金融资产参与水平越高,家庭金融资产配置程度越深。

二、模型构建

本书将样本根据省域层面的参与率区分为高参与组、中参与组及低参与组三组,来检验线上社会互动的口碑效应情况(Hong et al.,2004),具体分组如表 5-1 所示。其中,省域层面的参与率指该省份中,持有金融资产的家庭所占的比率。由高到低分别对应 1、0 与 −1 进行衡量。家庭风险金融资产占比省域内差异不大,故使用家庭金融资产参与进行检验。为更明确地表达省域层面参与率与线上社会互动交乘项的意义,本部分构建普通最小二乘回归模型:

$$Stock_i = \alpha_1 Social_i + \alpha_2 Social_i * Index_i + \alpha_3 Index_i + \alpha_4 Controls_i + \mu_i$$

其中,$Stockownership_i = 1(\alpha_1 Socialsupport_i + \alpha_2 Controls_i + \mu_i > 0)$ $Stock_i$ 代表每一个家庭 i 持有风险金融资产的情况,若家庭参与风险金融市场,其取值为 1,否则为 0。$Social_i$ 代表每一个家庭 i 线上社会互动情况,包括

在线社会互动、用户与用户互动、用户与信息互动情况。Index$_i$指家庭i所在省份所属的金融市场参与率的分组情况。Controls$_i$是控制变量,包括每一个家庭i的人格结构、家庭特征与地域特征变量。μ_i是随机扰动项,且$\mu_i \sim N(0, \sigma^2)$。

表 5-1　风险金融市场参与率的省域分组

高参与率组		中参与率组		低参与率组	
省区市	参与率/%	省区市	参与率/%	省区市	参与率/%
上海	43.59	广西	17.61	青海	12.79
北京	36.73	湖南	17.00	云南	12.03
天津	28.22	福建	16.69	黑龙江	11.18
浙江	25.68	甘肃	16.48	贵州	11.05
广东	24.97	湖北	16.12	山西	9.57
江苏	20.39	四川	14.00	宁夏	8.56
陕西	19.82	河北	13.83	海南	6.95
江西	18.71	辽宁	13.68	内蒙古	6.05
山东	18.63	安徽	13.42	吉林	5.99
		重庆	13.39		
		河南	13.30		

三、实证分析

通过家庭风险金融市场参与情况,对在线社会互动的口碑效应进行检验。表 5-2 列示了实证研究的结果。其中,列(1)反映在线社会互动的家庭,由于口碑效应的存在,通过在线交互与学习,形成风险金融资产参与比率对家庭风险金融市场社会乘数效应的影响。列(2)反映用户与用户互动的家庭,由于口碑效应的存在,通过在线交互与学习,形成风险金融资产参与比率对家庭风险金融市场社会乘数效应的影响。列(3)反映用户与信息互动的家庭,由于口碑效应的存在,通过互联网媒介,获得信息;风险金融资产参与比率高的省份,家庭在风险金融市场的参与同样具有提升的社会乘数效应。

表 5-2　在线社会互动机制检验——风险金融市场参与

项　目	(1)	(2)	(3)
在线社会互动	0.039*** (0.012)		
省级指数	0.029 (0.018)		
在线社会互动*省级指数	−0.004 (0.016)		
用户与用户互动		0.016** (0.008)	
省级指数		0.038*** (0.014)	
用户与用户互动*省级指数		−0.016 (0.010)	
用户与信息互动			0.043*** (0.007)
省级指数			0.007 (0.012)
用户与信息互动*省级指数			0.027*** (0.008)
志愿服务	0.027*** (0.006)	0.027*** (0.006)	0.025*** (0.006)
家庭规模	−0.007*** (0.002)	−0.007*** (0.002)	−0.007*** (0.002)
性别	0.021*** (0.007)	0.021*** (0.007)	0.023*** (0.007)
年龄	2.351*** (0.754)	2.353*** (0.754)	2.344*** (0.752)
年龄平方项	−0.575*** (0.222)	−0.575*** (0.222)	−0.574*** (0.222)
农村	−0.098*** (0.008)	−0.099*** (0.008)	−0.095*** (0.008)
教育	0.121*** (0.007)	0.122*** (0.007)	0.118*** (0.007)
工作	−0.003*** (0.001)	−0.003*** (0.001)	−0.003*** (0.001)
健康	0.012 (0.011)	0.012 (0.011)	0.012 (0.011)

续表

项　目	(1)	(2)	(3)
婚姻	0.008 (0.010)	0.009 (0.010)	0.009 (0.010)
信任	0.020*** (0.003)	0.020*** (0.003)	0.019*** (0.003)
幸福	−0.006* (0.004)	−0.006 (0.004)	−0.006* (0.004)
家庭收入第四个四分位数	0.201*** (0.009)	0.201*** (0.009)	0.196*** (0.009)
家庭收入第三个四分位数	0.093*** (0.008)	0.094*** (0.008)	0.090*** (0.008)
家庭收入第二个四分位数	0.023*** (0.008)	0.024*** (0.008)	0.022*** (0.008)
常数项	−2.319*** (0.634)	−2.303*** (0.634)	−2.302*** (0.633)
省份虚拟变量	控制	控制	控制
N	16891	16891	16891
R^2	16.0%	15.9%	16.3%

注:括号中为稳健标准误,***、**、*分别表示在1%、5%和10%的统计水平上显著。

结果显示,首先,在线社会互动对家庭风险金融市场参与具有积极显著的影响,在线社会互动与省级指数的乘积交互项为正,但不显著。说明在线社会互动对高参与省份家庭风险金融市场参与情况具有正向影响,但这种影响不具有显著性。说明在线社会互动无法积极提升高参与省份家庭风险金融市场的参与比率。在线社会互动不具有社会乘数效应,即不存在口碑效应机制。

其次,用户与用户互动对家庭风险金融市场参与具有积极且显著的影响。不同于基础回归结果,当加入省级指数后,用户与用户互动可以显著提升家庭风险金融市场参与的可能性。结论也表明,参与率高的省份对省内家庭风险金融市场参与具有积极显著的影响。但是两者的交乘项并不显著,表明用户与用户互动和省内家庭参与金融市场情况分别影响了家庭参与风险金融市场的可能性。

最后,用户与信息互动与省级指数的乘积交互项和家庭风险金融市场参与系数为 0.027,且在 1% 水平上呈显著正相关。说明家庭之间用户与信息的互动越强,高参与省份家庭参与风险金融市场的比例越高,即家庭间用户与信息互动增强了高参与省份家庭参与风险金融市场的比例,用户与信息互动对家庭风险金融市场参与具有社会乘数效应,即存在口碑效应机制。在线社会互动的口碑效应机制存在于用户与信息互动中,通过互联网媒介,达到信息的口口相传,影响家庭对信息的获取广度及对信息的信任程度,进而影响家庭风险金融资产配置决策。

本部分重点检验家庭风险金融资产占比是否符合在线社会互动的口碑效应机制。表 5-3 列示了实证研究的结果。其中,列(1)反映在线社会互动的家庭,由于口碑效应的存在,通过在线交互与学习,形成家庭风险金融资产占比社会乘数效应。列(2)反映用户与用户互动的家庭,由于口碑效应的存在,通过在线交互与学习,形成家庭风险金融资产占比社会乘数效应。列(3)反映用户与信息互动的家庭,由于口碑效应的存在,通过在线信息交互,形成家庭风险金融资产占比社会乘数效应。

首先,在线社会互动对家庭风险金融资产占比具有积极显著的影响,但是,在线社会互动与省级指数的乘积交互项并不显著。说明在线社会互动对高参与省份家庭风险金融资产占比具有负向影响,但这种影响不具有显著性。说明在线社会互动无法积极提升高参与省份家庭风险金融资产占比。在线社会互动不具有社会乘数效应,即不存在口碑效应机制。

其次,用户与用户互动对家庭风险金融资产占比的影响并不显著,与省级指数的交乘项在 1% 水平上呈显著正相关。说明用户与用户互动在省份家庭高参与率的情况下,可能由于加入用户的金融知识不足,经历了亏损或不佳的投资体验,形成了负向的口碑效应机制。

最后,用户与信息互动显著影响家庭风险金融资产占比,且与省级指数的乘积交互项在 5% 水平上呈显著正相关。说明家庭之间用户与信息的互动越强,高参与省份家庭投入风险金融资产的比例越高,即家庭的用户与信息互动增强了高参与省份家庭投资风险金融资产的比重。用户与信息互动对家庭风险金融资产占比具有社会乘数效应,即存在正向的口碑效应机制。研究证明了信息对家庭金融资产配置的有利作用。

表 5-3　在线社会互动机制检验——风险金融资产占比

项　目	(1)	(2)	(3)
在线社会互动	0.005** (0.002)		
省级指数	0.007** (0.003)		
在线社会互动*省级指数	−0.002 (0.003)		
用户与用户互动		0.001 (0.001)	
省级指数		0.008*** (0.002)	
用户与用户互动*省级指数		−0.004** (0.002)	
用户与信息互动			0.005*** (0.001)
省级指数			0.003 (0.002)
用户与信息互动*省级指数			0.003** (0.001)
志愿服务	0.002 (0.001)	0.002 (0.001)	0.001 (0.001)
家庭规模	−0.001** (0.000)	−0.001** (0.000)	−0.001** (0.000)
性别	0.000 (0.001)	0.000 (0.001)	0.001 (0.001)
年龄	−0.149 (0.127)	−0.147 (0.127)	−0.151 (0.127)
年龄平方项	0.059 (0.038)	0.059 (0.038)	0.060 (0.038)
农村	−0.008*** (0.001)	−0.009*** (0.001)	−0.008*** (0.001)
教育	0.012*** (0.001)	0.012*** (0.001)	0.012*** (0.001)
工作	−0.001*** (0.000)	−0.001*** (0.000)	−0.001*** (0.000)
健康	0.002 (0.002)	0.002 (0.002)	0.002 (0.002)

续表

项　目	(1)	(2)	(3)
婚姻	−0.003* (0.002)	−0.003* (0.002)	−0.003* (0.002)
信任	0.002*** (0.001)	0.002*** (0.001)	0.002*** (0.001)
幸福	−0.002*** (0.001)	−0.002*** (0.001)	−0.002*** (0.001)
家庭收入第四个四分位数	0.016*** (0.002)	0.016*** (0.002)	0.015*** (0.002)
家庭收入第三个四分位数	0.008*** (0.001)	0.008*** (0.001)	0.008*** (0.001)
家庭收入第二个四分位数	0.004*** (0.001)	0.004*** (0.001)	0.004*** (0.001)
常数项	0.098 (0.107)	0.099 (0.107)	0.101 (0.107)
省份虚拟变量	控制	控制	控制
N	16891	16891	16891
R^2	5.3%	5.3%	5.4%

注:括号中为稳健标准误,***、**、*分别表示在1%、5%和10%的统计水平上显著。

第二节　在线社会互动的内生互动效应
——社会规范分析

一、理论分析

社会规范机制也被称为"攀比效应"(Keeping up with Joneses),是投资组合受到"社会"方面的影响,通常在传统的资产定价模型中被忽视。投资者由个人的偏好和社会平均消费水平来决定他们的消费,因此,家庭关心与之相关的生活标准,或者说,他们的行为具有"攀比效应"。在资本资产定价模型中,由于存在"攀比效应",最佳的风险溢价会大于(或小于)标准模型(Gali,1994)。Gómez(2007)发现,在"攀比效应"下,资产价格是经济的总消费、代理人偏好参数、财富禀赋分布和攀比（Joneses）定义中跨代理人的权重的函数。此时的均衡是一个分散化不足的均衡，投资者会将他们的投资组合偏向于能够更好地对冲非金融收入风险的金融资产。因此，"攀比效应"影响资产定价，可以解释部分投资分散不足的问题。

投资者会根据他们的收入与消费水平来达到与他们的伙伴相一致的情形。Bursztyn 等（2014）设计的关于金融决策的现场试验表明，60%的受访者表示，希望获得与同龄人相同的经济回报是他们作出决定的一个重要因素；80%的人报告说，他们会考虑同龄人如何处理这笔资产的回报；32%的人报告说，担心得不到同龄人可能得到的回报是他们作决定的一个重要因素。Rantala（2019）通过研究庞氏骗局中邀请人的个人特征与投资金额之间的关系，发现了基于相对收入差异的攀比行为的证据，增加了对财务决策中同伴效应的了解。Ouimet 和 Tate（2020）采用美国公司员工持股计划数据分析个人的投资选择是如何受到同伴的影响的。研究发现，个人的投资行为受到同伴投资行为的影响。同伴投资行为对个人投资行为具有学习效应，可以促进个人获得更好的财务决策。因此，投资者会从社会交互中学习，并保持与伙伴行为的一致性，以满足"攀比效应"。

"攀比效应"还会影响投资者的风险态度。当投资者试图与群体保持一致时，他的风险厌恶程度会下降。当群体中通过寻求风险而获得初次的成功，该行为会在群体中出现模仿，并导致同一伙伴群体中的个体降低风险厌恶水平，以试图获得类似的回报（Wuthisatian et al. ,2017）。一般而言，家庭的风险厌恶水平会随着家庭拥有财富的增加而下降（Zhang，2017）。因而，社会互动影响家庭的风险厌恶水平，进而影响家庭财富配置。

对于家庭金融而言，通常从家庭的社会资本出发，当家庭拥有较多的社会资本，则所处的社会关系网络较大、关系更复杂，攀比的潜在对象较多，从而使家庭所处的位置成为社会网络的核心。刘雯（2019）使用2010—2016 年中国家庭追踪调查数据，通过实证估计的方法，发现"攀比效应"的存在会加剧社会资本对风险资产的偏好，使得家庭更偏好风险资产投资，无论是风险金融资产、股票，还是其他风险资产。朱孟佼（2021）认为，家庭社会网络越广，家庭所处的社会相对地位越高，家庭攀比心理越强,因此家庭会追求更高风险、高收益的金融资产,以保持家庭的相对地位。家庭的投资选择同样受到同伴的影响。Brown 等(2008)使用 10 年的面板数据,通过建立个人股票参与情况和社区股票参与情况的关系,发现当家庭所处的地区股票参与率越高时,家庭参与股票市场的可能性越大。当社区参与率增加 10% 时,个人拥有股票的概率增加 4%。Al-Awadhi 和 Dempsey(2017)使用海湾合作委员会(GCC)国家(这些国家对投资股市有明确的宗教规则)的数据,研究通过一个自然实验发现,这些市场中的非伊斯兰股票相对于伊斯兰股票而言,相对被忽视,回报率更高,流动性更低,面临更高的流动性风险。因此,研究认为,投资者更乐意投资符合他们社会规范(比如符合他们的社会责任、道德、环境理念与投资信念等)的股票而忽视那些与他们理念相左的投资。

一方面,通过对伙伴群体的经济金融行为进行观察,投资者可以了解规范行为并通过追随这种行为来获得效用的提升。在本章中,对于通过网络交互的家庭而言,能够与他们互动的圈子更为广泛,已经从具有相似的消费与经济行为扩展到具有相似的兴趣爱好、相似的共同经历等。人们可以通过网络轻松找到自己的圈子,加入相似的组织,并结识各地区的具有相似喜好的人群。因此,家庭在互联网上所结交的"伙伴"相较于线下面对面交互而言,其覆盖面更广,更加分散,所处的消费与投资水平更为参差不齐,结果导致作用于金融投资决策的"攀比效应"影响较弱。

另一方面,由于"攀比效应"估计的家庭会根据同伴行为的平均水平来选择金融资产配置行为,而拥有准确金融信息的个体其影响作用会更大,当家庭观察到所处群体由于金融资产投资而获得收益时,会降低自身的风险厌恶水平,以期望获得类似的收益。但本身家庭资产更多的家庭,其风险厌恶水平更低。所以,对于处于不同收入水平的家庭,在收入相对较低的地区,所有固定单位在一定时期内产生的收入总和较少。家庭购买股票的资金较少,而体现出更关心投资固定成本的情形(Liu et al.,2018),并表现出更多的风险厌恶。同时,由于在线的信息交互,以计算机为媒介的信息传递减少了人与人之间沟通的障碍。Al-Awadhi 和 Dempsey(2017)发现,在互联网环境下,伊斯兰的平等和信任价值观削弱了信息不对称,导致社会规范在线上比在线下互动传播得更为广泛。据此,本节假设如下：

用户与信息互动存在内生互动效应——社会规范机制，即在线社会互动具有同伴效应，区域经济水平越高，家庭参与风险金融市场的可能性越大。

二、模型构建

对于社会规范的内生互动机制，个体家庭根据所处同伴行为的平均水平来选择自己的金融资产配置行为（He & Li,2020）。Liu 等（2018）认为邻近省份的参与模式可以间接和直接地相互影响。此外，根据前述分析，"攀比效应"会影响不同收入水平的家庭，在收入相对较高的地区，家庭在一定时期内产生的收入总和较多，家庭可用于购买股票的资金较多，且表现出更少的风险厌恶。因此，人均 GDP 对股票市场参与率有较强的正向影响，收入水平越高的省份，家庭金融市场参与率越高，风险厌恶水平越低。因此，本节采用省级收入水平来衡量社会规范机制，具体方法是通过 GDP 指标划分不同区域的收入水平，体现省级层面不同区域的收入情况，以此来检验线上社会互动对区域收入的影响。参考 He 和 Li（2020）的做法，本节使用《中国统计年鉴》数据，根据 2017 年全省生产总值指数，将样本数据分为高生产总值指数组和低生产总值指数组，具体分组见表 5-4。同时本节构建普通最小二乘回归模型：

$$Stock_i = \alpha_1 Social_i + \alpha_2 Social_i * GDP_i + \alpha_3 GDP_i + \alpha_4 Controls_i + \mu_i$$

其中，$Stockownership_i = 1(\alpha_1 Socialsupport_i + \alpha_2 Controls_i + \mu_i > 0) Stock_i$ 代表每一个 i 家庭持有风险金融资产的情况，若家庭参与风险金融市场，其取值为 1，否则为 0。$Social_i$ 代表每一个 i 家庭线上社会互动情况，包括在线社会互动、用户与用户互动、用户与信息互动情况。GDP_i 指 i 家庭所在省份所属的 GDP 指数分组情况。其中，高 GDP 组赋值为 1，低 GDP 组赋值为 0。$Controls_i$ 是控制变量，包括每一个 i 家庭的人格结构、家庭特征与地域特征变量。μ_i 是随机扰动项，且 $\mu_i \sim N(0,\sigma^2)$。

表 5-4 各省生产总值情况省域分组

高 GDP 组		低 GDP 组	
省区市	GDP	省区市	GDP
河北	4.5317	山西	4.1911
江苏	4.9338	内蒙古	4.2067
浙江	4.7141	吉林	4.1745
山东	4.8611	黑龙江	4.2015
河南	4.6489	海南	3.6496
河北	4.5500	贵州	4.1316
湖南	4.5302	云南	4.2142
广东	4.9528	甘肃	3.8727
四川	4.5680	青海	3.4191
辽宁	4.3694	宁夏	3.5370
北京	4.4474	天津	4.2683
上海	4.4862	江西	4.3012
安徽	4.4317	广西	4.2677
福建	4.5076	重庆	4.2884
		陕西	4.3404

三、实证分析

通过家庭风险金融市场参与情况,对在线社会互动的社会规范进行检验。表 5-5 列出了实证研究的结果。其中,列(1)反映在线社会互动的家庭,由于社会规范的存在,根据所在省域同伴行为的平均水平选择金融资产配置的行为,结果并未发现省份 GDP 总值高,对应家庭风险金融市场参与同样提升的"攀比效应"。列(2)反映用户与用户互动的家庭,在在线社会交互中,并未因为社会规范的存在,而影响家庭金融资产配置行为。列(3)反映用户与信息互动的家庭,由于互联网媒介的存在,信息沟通与交互的成本更低,伙伴间的信息沟通更便捷,区域经济水平越高,信息越丰富,参与沟通成本越低,风险厌恶水平越低,形成省域内 GDP 总值高,对应家庭风险金融市场参与提升的"攀比效应"。

结果显示,用户与信息互动与省级 GDP 的乘积交互项和家庭风险金融市场参与系数为 0.025,且在 10% 水平上呈显著正相关。说明家庭之间用户与信息的互动越强,家庭行为与同伴行为的平均水平越是接近,即家庭的用户与信息互动增强了区域生产总值高的省份的家庭参与风险金融市场的比例。家庭主要因为基于互联网媒介的信息的交互,降低了参与成本,扩大了可接触的同伴,形成相互之间的互动,使省域内家庭行为更接近所在区域同伴的平均水平,从而影响家庭对金融市场参与的决策。

省份 GDP 对家庭金融市场参与决策的影响作用不大,但可以通过用户与信息互动,对家庭风险金融市场参与决策产生"攀比效应",即存在社会规范机制。而在线社会互动可以显著积极地影响家庭风险金融市场参与行为,但是其与省级 GDP 的乘积交互项和家庭风险金融市场参与关系不具显著性。说明在线社会互动不存在"攀比效应",即包含了用户与用户互动的在线社会互动削弱了信息与用户互动的影响作用。

表 5-5 在线社会互动机制检验——风险金融市场参与

项　目	(1)	(2)	(3)
在线社会互动	0.033* (0.020)		
省级 GDP	−0.012 (0.030)		
在线社会互动＊省级 GDP	0.007 (0.025)		
用户与用户互动		0.015 (0.013)	
省级 GDP		−0.002 (0.023)	
用户与用户互动＊省级 GDP		−0.004 (0.016)	
用户与信息互动			0.033*** (0.011)
省级 GDP			−0.023 (0.021)
用户与信息互动＊省级 GDP			0.025* (0.013)
志愿服务	0.027*** (0.006)	0.027*** (0.006)	0.025*** (0.006)

续表

项　目	(1)	(2)	(3)
家庭规模	−0.007*** (0.002)	−0.007*** (0.002)	−0.007*** (0.002)
性别	0.021*** (0.007)	0.021*** (0.007)	0.023*** (0.007)
年龄	2.343*** (0.754)	2.345*** (0.754)	2.348*** (0.753)
年龄平方项	−0.573** (0.222)	−0.573** (0.222)	−0.575*** (0.222)
农村	−0.098*** (0.008)	−0.099*** (0.008)	−0.095*** (0.008)
教育	0.121*** (0.007)	0.122*** (0.007)	0.118*** (0.007)
工作	−0.003*** (0.001)	−0.003*** (0.001)	−0.003*** (0.001)
健康	0.012 (0.011)	0.012 (0.011)	0.011 (0.011)
婚姻	0.008 (0.010)	0.009 (0.010)	0.009 (0.010)
信任	0.019*** (0.003)	0.020*** (0.003)	0.019*** (0.003)
幸福	−0.006 (0.004)	−0.006 (0.004)	−0.006* (0.004)
家庭收入第四个四分位数	0.201*** (0.009)	0.201*** (0.009)	0.196*** (0.009)
家庭收入第三个四分位数	0.093*** (0.008)	0.093*** (0.008)	0.090*** (0.008)
家庭收入第二个四分位数	0.023*** (0.008)	0.024*** (0.008)	0.021*** (0.008)
常数项	−2.332*** (0.636)	−2.319*** (0.635)	−2.322*** (0.634)
省份虚拟变量	控制	控制	控制
N	16891	16891	16891
R^2	16%	15.9%	16.2%

注:括号中为稳健标准误.***、**、*分别表示在1%、5%和10%的统计水平上显著。

表 5-6 列示了家庭风险金融资产占比的社会规范效应的实证研究结果。其中,列(1)检验由于"攀比效应"存在,省份 GDP 总值高,对应家庭受到在线社会互动影响家庭风险金融资产占比高的情况,实证结果并不支持在线社会互动影响家庭风险金融资产占比的社会规范效应。列(2)同样没有发现由于在线用户与用户互动的存在,家庭风险金融资产占比具有"攀比效应"。列(3)检验了用户与信息互动的家庭,由于互联网媒介的存在,家庭风险金融资产占比是否具有社会规范效应。结论持否定态度。研究发现,在线社会互动对家庭风险金融资产占比不具有社会规范效应。

表 5-6　在线社会互动机制检验——风险金融资产占比

项　目	(1)	(2)	(3)
在线社会互动	0.005 (0.003)		
省级 GDP	−0.002 (0.005)		
在线社会互动*省级 GDP	−0.002 (0.004)		
用户与用户互动		0.002 (0.002)	
省级 GDP		−0.001 (0.004)	
用户与用户互动*省级 GDP		−0.003 (0.003)	
用户与信息互动			0.004** (0.002)
省级 GDP			−0.005 (0.004)
用户与信息互动*省级 GDP			0.002 (0.002)
志愿服务	0.002 (0.001)	0.002 (0.001)	0.001 (0.001)
家庭规模	−0.001** (0.000)	−0.001** (0.000)	−0.001** (0.000)
性别	0.000 (0.001)	0.000 (0.001)	0.001 (0.001)

续表

项　目	(1)	(2)	(3)
年龄	−0.150 (0.128)	−0.148 (0.128)	−0.150 (0.127)
年龄平方项	0.059 (0.038)	0.059 (0.038)	0.059 (0.038)
农村	−0.008*** (0.001)	−0.008*** (0.001)	−0.008*** (0.001)
教育	0.012*** (0.001)	0.012*** (0.001)	0.012*** (0.001)
工作	−0.001*** (0.000)	−0.001*** (0.000)	−0.001*** (0.000)
健康	0.002 (0.002)	0.002 (0.002)	0.002 (0.002)
婚姻	−0.003* (0.002)	−0.003* (0.002)	−0.003* (0.002)
信任	0.002*** (0.001)	0.002*** (0.001)	0.002*** (0.001)
幸福	−0.002*** (0.001)	−0.002*** (0.001)	−0.002*** (0.001)
家庭收入第四 个四分位数	0.016*** (0.002)	0.016*** (0.002)	0.015*** (0.002)
家庭收入第三 个四分位数	0.008*** (0.001)	0.008*** (0.001)	0.008*** (0.001)
家庭收入第二 个四分位数	0.004*** (0.001)	0.004*** (0.001)	0.004*** (0.001)
常数项	0.093 (0.108)	0.095 (0.107)	0.095 (0.107)
省份虚拟变量	控制	控制	控制
N	16891	16891	16891
R^2	5.3%	5.2%	5.4%

注：括号中为稳健标准误，***、**、*分别表示在1%、5%和10%的统计水平上显著。

第三节　在线社会互动的外生互动效应
——情景效应分析

一、理论分析

情境相互作用(外生相互作用)是指行为主体以某种方式行事的倾向随着群体成员的外生特征而变化(Manski,2000)。在本书中,体现的是所参考群体的金融市场参与行为对个体家庭金融市场参与的单向影响。也就是说,家庭所处的环境、社区、邻里、朋友、亲戚等社交网络群体在金融市场参与行为中获得了收益,则会影响个体家庭参与金融市场的可能性,而在股票市场中普遍存在的亏损案例,则可能会体现出我国股票市场缺乏吸引力(Liang & Guo,2015)。由于人们更倾向于分享股票市场的成功案例,Kaustia 和 Knüpfer(2012)使用芬兰的微观数据分析同伴影响对家庭金融市场参与的影响,研究发现,同伴的近期股票回报情况会影响个人进入股市的决策,特别是在社会学习机会更多的区域。此外,邻里同伴的月收益每增加一个标准差,新投资者的入市率就会提高 9%—13%。其主要的影响路径有两条:一是个体可以利用同伴的行为结果来刷新自己对长期受益的预期与信心;二是人们无法直接了解同伴的收益情况,因而通常通过相互的交流,从交流的积极信号来判断同伴对未来的预期与信心,进而影响个体自己的预期与信心。

情景效应体现在社区地理空间层面。Brown 等(2008)利用美国税务局年度纳税申报截面数据研究发现,金融市场参与受到显著的社区效应影响。具体而言,在社区平均金融市场参与率增加 10% 的情况下,个体家庭将会增加 4% 的参与金融市场的可能性。研究认为,这种社区的正向影响是由口碑效应的传播机制导致的。Hong 等(2005)指出,基金经理对股票的选择与购买受到区域口碑效应的影响,如果其他在同一城市的经理人正在购买(或出售)某种股票,基金经理更有可能在该季度购买(或出售)这种特定的股票。Pool 等(2015)根据美国 Thomson Financial

CDA/Spectrum 共同基金数据库,对基金经理通过口碑效应影响相互的投资行为展开研究。研究发现,相互存在社会关系的基金经理拥有更多相似的持股和交易。居住在同一社区的基金经理持有的基金重叠度明显高于居住在同一城市但不同社区的基金经理。当基金经理拥有相似的种族背景时,这些影响会更大,而且无法用个体的投资偏好来解释。在省域地理空间层面,Liu 等(2018)利用空间面板数据模型,研究中国省级股票市场参与的邻里效应。研究发现,边境省份的参与行为可以直接或间接地相互影响。人均 GDP 对股票市场参与度有显著的正向影响。人口净流入对股市参与度有显著的负向影响。因此,在社区与地理空间层面,社交网络的情景效应可以通过口碑效应,在经理人相互交互中影响金融市场参与决策与金融市场投资行为。

情景效应体现在家庭社交网络层面。Li(2014)通过密歇根大学社会研究所全国性纵向家庭调查的面板数据,对家庭中父母对子女和子女对父母的代际关系影响金融市场参与的决策进行研究。结果表明,不仅是子女的投资决策受到他们父母在过去所获得的信息的影响,父母的投资决策同样受到子女信息分享的影响。如果家庭投资者的父母或子女在过去五年中进入股市,那么家庭投资者在接下来的五年内进入股市的可能性高出 20%—30%。本书认为这是由于家庭内信息共享导致的。

综上所述,个体家庭可以通过情景效应提高信息获取,以口碑效应为传导机制,增强家庭金融市场参与的可能性。赵昱(2019)认为,情景是在一个既定时空场景中,体现出个体受到环境影响的敏感表现,包括时间、地点、天气和社会关系。在本节中,主要关注由于数智化发展,个体家庭在互联网在线社会互动环境中发现金融市场参与是有利可图的,那么就有可能提升个体家庭参与金融市场的可能性。

机器学习和大数据已经成为金融市场交易和定位的热门工具。Cohen(2022)指出,在当今金融市场中,大约有 80% 的交易是由高频机器完成的,它们在决策和订单生成速度方面远超人类交易员。经过训练的机器不会受到人类偏见和情绪的影响,从而很大程度上帮助投资者更好地把握进入和退出金融资产头寸的时机。通过与社交媒体等其他情绪衡量指标相结合,它的表现可能优于标准的买入并持有策略。投资者可以结合基本面分析和技术分析来获得更好的交易结果。

通常而言,AI技术在金融领域的应用包括三个方面:投资组合的最优配置、金融资产未来的定价或交易情况,以及社交网络对金融产品或公司评价的情绪分析(Ferreira et al.,2021)。从社交网络角度,人工智能可以运用自然语言处理方法,帮助分析师从社交媒体或新闻网站中提取文本并进行情感分析(Vinodhini & Chandrasekaran,2012)。此外,对于企业,尤其是处于激烈竞争行业的企业而言,人工智能将允许企业利用来自网络和社交媒体的证据来提供一个反馈循环,从而允许机器学习,最终更快地作出更好的决策,改善公司决策(Milana & Ashta,2021)。

综上所述,一方面,机器学习与大数据技术显著提升了金融市场的有效性,提升了企业的决策效率;另一方面,个体投资者可以从社交网站、新闻资讯中获得更广泛的资讯,从而影响投资者决策。然而,已有研究对个体投资者如何平衡个体感知的风险与AI推荐的行为意愿,从而决定是否接纳AI提供的意见与建议,并通过AI指导行为方面,依然缺乏系统的研究。仅Chua等(2023)通过构建一个概念模型,利用对人工智能的态度、信任、感知准确性和风险水平来解释接受基于人工智能的建议的行为意愿。在基于368名参与者的随机试验中,研究发现,对人工智能的态度与接受基于人工智能推荐的行为意愿、对人工智能的信任,以及对人工智能的感知准确性呈正相关。此外,不确定性水平调节了态度、信任和感知准确性对接受基于人工智能推荐的行为意愿的决策。当不确定性较低时,对人工智能的积极态度可以促进对自动决策的依赖。然而,当不确定性较高时,对人工智能的积极态度是接受人工智能的必要条件,但不再是充分条件。因此,人—机智能交互的研究正处于起步阶段。

机器学习与大数据技术在家庭金融方面的应用更多体现在数字金融对家庭的影响。数字金融可以通过减少借贷双方之间的信息不对称和降低交易成本,通过使用大数据和云计算技术实现规模经济(Yue et al.,2022)。Liu等(2021)利用贝叶斯宏观经济分析框架,引入互联网发展水平作为阈值变量,采用2011—2019年中国省级面板数据,分析了数字普惠金融对经济增长的影响,最后通过多重中介模型探讨数字普惠金融对经济增长的中介作用。结果表明:(1)数字普惠金融发展对我国经济增长的贡献显著。(2)数字普惠金融发展对经济增长的影响具有显著的互联网门槛效应。(3)促进中小企业创业和刺激居民消费是数字普惠金融发展影响经济增长的两个重要渠道。Wang等(2023)分析数字普惠金融的发展与家庭金融市场参与及金融资产配置之间的关系。研究发现,数字普惠金融的发展能显著促进中国家庭参与金融市场的概率和资产配置中金融资产的占比。

综上所述,在互联网与信息技术发展的大环境下,在线社会互动可以通过口碑效应为家庭提供更多有效的信息,家庭所处的区域数字普惠金融发展越发达,家庭采纳数字金融服务与数字信息技术的可能性越大,据此,本节假设:

用户与信息互动存在外生互动效应——情景效应机制,即在线社会互动具有情景效应,区域数字金融发展水平越高,家庭参与风险金融市场的可能性越大。

二、模型构建

情景效应用于衡量影响家庭金融资产配置的外部群体行为(Manski,2000)。本节采用北京大学数字普惠金融指数数据,探究数字普惠金融对家庭金融资产配置的外生互动效应。数字普惠金融指数为2017年各省数字普惠金融指数,它体现了省级层面的数字金融发展水平。He和Li(2020)探讨在线社会互动对中国农户数字普惠金融参与的影响,研究认为,情景效应促使农户更多地了解数字普惠金融参与的结果。如果他们看到参与数字金融给农村家庭带来了实际的好处,比如数字金融的低成本、高效率和高质量的服务,那么他们也会参与数字金融;否则,如果有欺诈、歧视和损失行为的发生,他们将不参与数字金融。与内生互动不同,情景效应对数字金融的影响可能具有不确定性,即这种影响的最终方向取决于促进作用或抑制作用的大小。因此,本节通过省级数字金融指数划分不同省域的数字化发展水平,体现省级层面不同区域的数字化覆盖情况。参考已有文献的做法,设定区域数字金融发展为二元哑变量,若该省数字普惠金融指数高于全国平均水平,则该省的数字普惠金融发展水平赋值为1;否则,赋值为0。同时,本节构建普通最小二乘回归模型:

$$Stock_i = \alpha_1 Social_i + \alpha_2 Social_i * Digital_i + \alpha_3 Digital_i + \alpha_4 Controls_i + \mu_i$$

其中，$Stockownership_i = 1(\alpha_1 Socialsupport_i + \alpha_2 Controls_i + \mu_i > 0)$，$Stock_i$代表每一个$i$家庭持有风险金融资产的情况，若家庭参与风险金融市场，其取值为1，否则为0。$Social_i$代表每一个i家庭线上社会互动情况，包括在线社会互动、用户与用户互动、用户与信息互动情况。$Digital_i$指i家庭所在省份所属的数字金融发展水平。其中，数字普惠金融指数高于全国平均水平的赋值为1，数字普惠金融指数低于全国平均水平的赋值为0。$Controls_i$是控制变量，包括每一个i家庭的人格结构、家庭特征与地域特征变量。μ_i是随机扰动项，且$\mu_i \sim N(0, \sigma^2)$。

三、实证分析

通过家庭风险金融市场参与情况，对在线社会互动的社会规范进行检验。表5-7列示了实证研究的结果。其中，列(1)反映在线社会互动的家庭，参与风险金融资产投资的可能性更高，但省域数字金融发展情况对家庭在线社会互动影响不大，不存在由于省域数字金融发展引起的在线社会互动的情景效应。列(2)反映用户与用户互动的家庭，同样并未因为情景效应的存在，而影响家庭金融资产配置行为。列(3)反映用户与信息互动的家庭，由于省域数字金融发展水平不同，发展水平越高的区域，用户与信息互动的家庭越有可能参与风险金融资产投资。由于数字金融的发展，推动了金融数字化，从而降低了参与风险金融市场的时间成本、技术成本与信息成本，更多的信息有利于家庭积极参与风险金融市场。因而用户与信息交互存在在线社会互动的情景效应。

具体而言，用户与信息互动与省级数字金融发展指数的乘积交互项和家庭风险金融市场参与系数为0.03，且在10%水平上呈显著正相关。说明家庭之间用户与信息的互动越强，家庭所处省域内数字金融水平越高，越有可能在金融市场参与行为中获得收益，从而积极影响个体家庭参与金融市场的可能性。数字普惠金融发展指数对个体家庭风险金融市场参与情况影响为正，但并不显著。说明省域内数字普惠金融更发达的发展，并不直接作用于家庭风险金融市场参与决策，而是通过家庭与信息的交互，在数字普惠金融发展越发达的区域，家庭接受数字金融服务的可能性越大,越有可能参与数字金融业务,更乐意采纳数字技术服务,从而提升了家庭参与风险金融市场的可能性。

表 5-7　在线社会互动外生互动效应检验——风险金融市场参与

项　目	(1)	(2)	(3)
在线社会互动	0.032* (0.019)		
省级数字普惠金融指数	0.001 (0.033)		
在线社会互动*省级 数字普惠金融指数	0.009 (0.024)		
用户与用户互动		0.018 (0.013)	
省级数字普惠金融指数		0.016 (0.027)	
用户与用户互动*省级 数字普惠金融指数		−0.009 (0.016)	
用户与信息互动			0.030*** (0.011)
省级数字普惠金融指数			−0.011 (0.025)
用户与信息互动*省级 数字普惠金融指数			0.030** (0.013)
志愿服务	0.027*** (0.006)	0.027*** (0.006)	0.025*** (0.006)
家庭规模	−0.007*** (0.002)	−0.007*** (0.002)	−0.007*** (0.002)
性别	0.021*** (0.007)	0.021*** (0.007)	0.023*** (0.007)
年龄	2.345*** (0.754)	2.346*** (0.754)	2.355*** (0.752)
年龄平方项	−0.573*** (0.222)	−0.573*** (0.222)	−0.577*** (0.222)
农村	−0.098*** (0.008)	−0.099*** (0.008)	−0.095*** (0.008)
教育	0.121*** (0.007)	0.122*** (0.007)	0.118*** (0.007)
工作	−0.003*** (0.001)	−0.003*** (0.001)	−0.003*** (0.001)

项　目	(1)	(2)	(3)
健康	0.012 (0.011)	0.012 (0.011)	0.011 (0.011)
婚姻	0.008 (0.010)	0.009 (0.010)	0.009 (0.010)
信任	0.020*** (0.003)	0.020*** (0.003)	0.019*** (0.003)
幸福	−0.006* (0.004)	−0.006 (0.004)	−0.006* (0.004)
家庭收入第四个四分位数	0.201*** (0.009)	0.201*** (0.009)	0.196*** (0.009)
家庭收入第三个四分位数	0.093*** (0.008)	0.093*** (0.008)	0.090*** (0.008)
家庭收入第二个四分位数	0.023*** (0.008)	0.024*** (0.008)	0.021*** (0.008)
常数项	−2.333*** (0.635)	−2.323*** (0.635)	−2.326*** (0.634)
省份虚拟变量	控制	控制	控制
N	16891	16891	16891
R^2	16.0%	15.9%	16.2%

注:括号中为稳健标准误,***、**、*分别表示在1%、5%和10%的统计水平上显著。

本部分探究在线社会互动在家庭风险金融资产占比上,是否具有外生互动效应。表5-8列示了实证研究的结果。其中,列(1)反映在线社会互动的家庭,风险金融资产占比投资较大,但是省域数字金融发展情况对家庭在线社会互动影响不大,不存在由省域数字金融发展引起的在线社会互动的情景效应。列(2)与列(3)均显示在线用户与用户互动、在线用户与信息互动并未遵循情景效应而影响家庭金融资产占比投资决策。

表5-8　在线社会互动外生互动效应检验——风险金融资产占比

项　目	(1)	(2)	(3)
在线社会互动	0.007** (0.003)		
省级数字普惠金融指数	0.001 (0.006)		
在线社会互动*省级 数字普惠金融指数	−0.005 (0.004)		

续表

项　目	(1)	(2)	(3)
用户与用户互动		0.002 (0.002)	
省级数字普惠金融指数		−0.002 (0.005)	
用户与用户互动*省级 数字普惠金融指数		−0.003 (0.003)	
用户与信息互动			0.005*** (0.002)
省级数字普惠金融指数			−0.005 (0.004)
用户与信息互动*省级 数字普惠金融指数			0.000 (0.002)
志愿服务	0.002 (0.001)	0.002 (0.001)	0.001 (0.001)
家庭规模	−0.001** (0.000)	−0.001** (0.000)	−0.001** (0.000)
性别	0.000 (0.001)	0.000 (0.001)	0.001 (0.001)
年龄	−0.149 (0.127)	−0.149 (0.128)	−0.148 (0.127)
年龄平方项	0.059 (0.038)	0.059 (0.038)	0.059 (0.038)
农村	−0.008*** (0.001)	−0.008*** (0.001)	−0.008*** (0.001)
教育	0.012*** (0.001)	0.012*** (0.001)	0.012*** (0.001)
工作	−0.001*** (0.000)	−0.001*** (0.000)	−0.001*** (0.000)
健康	0.002 (0.002)	0.002 (0.002)	0.002 (0.002)
婚姻	−0.003* (0.002)	−0.003* (0.002)	−0.003* (0.002)
信任	0.002*** (0.001)	0.002*** (0.001)	0.002*** (0.001)
幸福	−0.002*** (0.001)	−0.002*** (0.001)	−0.002*** (0.001)
家庭收入第四个四分位数	0.016*** (0.002)	0.016*** (0.002)	0.015*** (0.002)

续表

项　目	(1)	(2)	(3)
家庭收入第三个四分位数	0.008*** (0.001)	0.008*** (0.001)	0.008*** (0.001)
家庭收入第二个四分位数	0.004*** (0.001)	0.004*** (0.001)	0.004*** (0.001)
常数项	0.090 (0.107)	0.095 (0.107)	0.093 (0.107)
省份虚拟变量	控制	控制	控制
N	16891	16891	16891
R^2	5.3%	5.2%	5.4%

注:括号中为稳健标准误,***、**、*分别表示在1%、5%和10%的统计水平上显著。

本章小结

本章主要研究在线社会互动如何影响家庭风险金融资产配置行为。首先,从在线社会互动的内生互动效应——口碑效应出发,对在线社会互动、用户与用户互动、用户与信息互动三个层面,进行实证分析。研究发现,高参与省份的家庭,用户与信息互动提升了个体家庭整体金融资产的配置。即用户与信息互动对家庭风险金融市场参与及风险金融资产配置具有社会乘数效应,存在正向的口碑效应机制。但是,用户与用户互动降低了个体家庭金融资产占比的投入,高参与省份的家庭,可能其参与体验感不佳,投资收益不高,产生负向的口碑效应,降低了金融资产占总资产的投入。

其次,从在线社会互动的内生互动效应——社会规范分析,对在线社会互动、用户与用户互动、用户与信息互动三个层面,进行实证研究。研究发现,用户与信息互动增加了生产总值高的省域内家庭参与风险金融市场的比例。即用户与信息互动存在"攀比效应",具有社会规范机制。但是在线社会互动对家庭金融资产投资占比不具有"攀比效应",即目前在线信息的交互可以提升家庭参与金融市场的概率,但无法左右家庭投入金融资产的深度。

　　最后,从在线社会互动的外生互动效应——情景效应出发,对在线社会互动、用户与用户互动、用户与信息互动三个层面,进行实证分析。研究发现,省域内数字金融水平越高,用户与信息互动越会积极提升家庭参与风险金融市场的可能性。即用户与信息互动存在外生互动效应机制。但是,省域内数字金融水平的提升无法影响在线社会互动对家庭金融资产投资占比。科技的进步可以普及信息,提升家庭参与金融市场,但无法改变家庭金融资产配置的深度。

　　综上所述,本章主要通过实证分析的方法,对在线社会互动影响家庭金融资产配置的机制进行探索。研究发现,在线社会互动的用户与信息互动存在口碑效应机制、社会规范机制及情景效应机制,用户与用户互动存在负向口碑效应机制。

第六章　在线社会互动影响家庭金融资产配置的异质性分析

我国幅员广阔,不同家庭的现实情况是多个方面影响共同作用的结果。不同地区的家庭所处的家庭背景、社会环境、文化氛围等方面都存在差异,这些差异都会影响家庭金融资产配置决策。因而,本章通过对家庭区位异质性、城乡异质性、教育水平异质性、收入水平异质性四个方面进行探究,以求获得在线社会互动影响家庭金融资产配置的具体经验结果。

第一节　区位异质性分析

本节主要分析家庭所在地区差异是否会影响在线社会互动对家庭金融资产配置的决策。我国金融资源地区分配不均衡,主要体现在金融资源的可得性存在区域差异。由于我国不同地区之间在数字基础设施、公众受教育水平、产业发展模式、信息数字化覆盖程度等方面存在差异,我国金融资源存在区域分配不均衡的现象,表现为金融资源的可得性、金融服务的质量、金融知识的普及等多个方面存在区域差异(王巧和尹晓波,2022)。参考已有文献的做法,本书将家庭所处地区分为东部与中西部两部分。采用 Probit 回归分析和 Tobit 回归分析,对家庭风险金融市场参与决策及家庭风险金融资产占比情况进行实证分析。其中,东部省份包括北京、天津、河北、辽宁、上海、江苏、浙江、山东、福建、广东、海南;中西部省份包括山西、吉林、黑龙江、安徽、江西、河南、湖北、湖南、内蒙古、广西、重庆、四川、贵州、云南、陕西、甘肃、青海、宁夏、新疆。

一、东部地区家庭风险金融市场参与情况分析

通过 Probit 回归模型,本部分对东部地区家庭风险金融市场参与情况进行分析。其中,因变量为家庭的风险金融市场参与。自变量为在线社会互动、用户与用户互动及用户与信息互动。表 6-1 展示了东部地区家庭在线社会互动对风险金融市场参与的 Probit 回归边际效应实证结果。

其中,列(1)展示了在线社会互动影响家庭风险金融市场参与的情况,列(2)展示了用户与用户互动影响家庭风险金融市场参与的情况,列(3)展示了用户与信息互动影响家庭风险金融市场参与的情况。列(1)—(3)都包含了线下社会互动(志愿服务)对家庭风险金融市场参与情况的影响。

结果显示,在线社会互动在 10% 水平上显著正向影响家庭风险金融市场参与,家庭在线社会互动每增加 1%,其风险金融市场参与概率增加 3.6%。用户与用户互动对家庭风险金融市场参与影响不显著。用户与信息互动在 1% 水平上显著正向影响家庭风险金融市场参与,家庭用户与信息互动每增加 1%,其风险金融市场参与的可能性增加 6.6%。同时,线下社会互动在 1% 水平上显著正向影响家庭风险金融市场参与概率,家庭线下社会互动每增加 1%,其风险金融市场参与概率增加约 3.3%。综上所述,东部家庭用户与信息互动是影响家庭风险金融市场参与的重要因素,其影响作用大于线下用户交互。与全样本相比,全样本在线社会互动每增加 1%,家庭风险金融市场参与概率增加 4%,略高于东部地区。全样本用户与信息互动每增加 1%,家庭风险金融市场参与概率增加 5.6%,略低于东部地区。因此,东部地区家庭参与风险金融市场的决策受到信息互动的影响较大,主要原因可能是我国东部地区经济发达,金融服务业务活跃,信息技术与数字化服务先进,因而家庭更容易通过数智化获得风险金融市场参与的情况,从而影响他们的选择。

表6-1　东部地区家庭风险金融市场参与情况的实证结果

项　目	家庭风险金融市场参与		
	(1)	(2)	(3)
在线社会互动	0.036* (0.019)		
用户与用户互动		0.007 (0.011)	
用户与信息互动			0.066*** (0.010)
志愿服务	0.033*** (0.008)	0.033*** (0.008)	0.031*** (0.008)
家庭规模	−0.009** (0.004)	−0.009** (0.004)	−0.009** (0.003)
性别	0.024** (0.010)	0.024** (0.010)	0.027** (0.010)
年龄	3.920*** (1.111)	3.963*** (1.111)	3.914*** (1.109)
年龄平方项	−1.028*** (0.327)	−1.040*** (0.327)	−1.025*** (0.326)
农村	−0.210*** (0.020)	−0.211*** (0.020)	−0.206*** (0.020)
教育	0.113*** (0.009)	0.113*** (0.009)	0.109*** (0.009)
工作	−0.004*** (0.001)	−0.004*** (0.001)	−0.004*** (0.001)
健康	0.024 (0.018)	0.025 (0.018)	0.024 (0.018)
婚姻	−0.011 (0.014)	−0.011 (0.014)	−0.010 (0.014)
信任	0.029*** (0.005)	0.029*** (0.005)	0.029*** (0.005)
幸福	−0.008 (0.005)	−0.008 (0.005)	−0.008 (0.005)
家庭收入第四个四分位数	0.225*** (0.014)	0.226*** (0.014)	0.219*** (0.014)
家庭收入第三个四分位数	0.139*** (0.014)	0.139*** (0.014)	0.135*** (0.014)
家庭收入第二个四分位数	0.049*** (0.015)	0.050*** (0.015)	0.047*** (0.015)
省份虚拟变量	控　制	控　制	控　制
N	9464	9464	9464
R^2	16.40%	16.37%	16.78%

注:括号中为稳健标准误,***、**、*分别表示在1%、5%和10%的统计水平上显著。

二、东部地区家庭风险金融资产占比情况分析

采用 Tobit 回归模型实证研究了在线社会互动影响家庭金融资产占比的情况。其中,家庭风险金融资产占比为因变量。自变量包括在线社会互动、用户与用户互动、用户与信息互动。

对在线社会互动影响家庭风险金融资产占比情况进行实证分析。表6-2 展示了在线社会互动对家庭风险金融资产占比的 Tobit 回归分析结果。其中列(1)展示了在线社会互动影响家庭风险金融资产占比的情况,列(2)展示了用户与用户互动影响家庭风险金融资产占比的情况,列(3)展示了用户与信息互动影响家庭风险金融资产占比的情况。

表 6-2 中的列(3)显示,用户与信息互动在 1% 水平上显著正向影响家庭风险金融资产占比,用户与信息互动强度每增强 1%,家庭风险金融资产占比增加 3.9%。而根据列(1)、列(2),用户与在线社会互动、用户与用户互动并不影响家庭风险金融资产占比情况。线下社会互动(志愿服务)显示,线下交互在 1% 水平上显著正向影响家庭风险金融资产占比。线下社会互动(志愿服务)每增长 1%,家庭风险金融资产占比增长1.8%。结果显示,对于东部家庭而言,在线用户与信息互动可以显著提升家庭风险金融资产占比,但在线社会互动、用户与用户互动影响不大,与总样本结果相比,在线社会互动的影响削弱了,这说明东部地区家庭更看重在线社会互动中的用户与信息的互动,用户与信息互动对他们风险金融资产投资比重所作出的决策影响更大。

表 6-2　东部地区家庭风险金融资产占比实证结果

项　目	家庭风险金融资产占比		
	(1)	(2)	(3)
在线社会互动	0.015 (0.011)		
用户与用户互动		−0.001 (0.007)	
用户与信息互动			0.039*** (0.006)

续表

项　目	家庭风险金融资产占比		
	（1）	（2）	（3）
志愿服务	0.018***	0.018***	0.016***
	(0.005)	(0.005)	(0.005)
家庭规模	−0.005**	−0.005**	−0.005**
	(0.002)	(0.002)	(0.002)
性别	0.008	0.008	0.009
	(0.006)	(0.006)	(0.006)
年龄	1.520**	1.543**	1.514**
	(0.663)	(0.663)	(0.662)
年龄平方项	−0.375*	−0.382**	−0.373*
	(0.195)	(0.195)	(0.195)
农村	−0.125***	−0.125***	−0.122***
	(0.013)	(0.013)	(0.013)
教育	0.063***	0.063***	0.061***
	(0.006)	(0.006)	(0.006)
工作	−0.003***	−0.003***	−0.003***
	(0.001)	(0.001)	(0.001)
健康	0.014	0.014	0.014
	(0.011)	(0.011)	(0.011)
婚姻	−0.019**	−0.019**	−0.018**
	(0.008)	(0.008)	(0.008)
信任	0.015***	0.015***	0.015***
	(0.003)	(0.003)	(0.003)
幸福	−0.007**	−0.007**	−0.007**
	(0.003)	(0.003)	(0.003)
家庭收入第四个四分位数	0.122***	0.122***	0.118***
	(0.009)	(0.009)	(0.009)
家庭收入第三个四分位数	0.082***	0.082***	0.079***
	(0.009)	(0.009)	(0.009)
家庭收入第二个四分位数	0.037***	0.037***	0.035***
	(0.009)	(0.009)	(0.009)
常数项	−1.761***	−1.765***	−1.768***
	(0.560)	(0.560)	(0.559)
省份虚拟变量	控　制	控　制	控　制
N	9464	9464	9464
R^2	31.71%	31.67%	32.59%

注：括号中为稳健标准误，***、**、*分别表示在1％、5％和10％的统计水平上显著。

三、中西部地区家庭风险金融市场参与情况分析

运用 Probit 回归模型实证分析中西部地区家庭风险金融市场参与情况。其中,家庭的风险金融市场参与为因变量。自变量为在线社会互动、用户与用户互动及用户与信息互动。表 6-3 展示了中西部地区家庭在线社会互动对风险金融市场参与的 Probit 回归边际效应实证结果。

表6-3　中西部地区家庭风险金融市场参与情况的实证结果

项　目	家庭风险金融市场参与		
	(1)	(2)	(3)
在线社会互动	0.040** (0.016)		
用户与用户互动		0.015 (0.010)	
用户与信息互动			0.043*** (0.009)
志愿服务	0.011 (0.008)	0.011 (0.008)	0.010 (0.008)
家庭规模	−0.005 (0.003)	−0.005 (0.003)	−0.005 (0.003)
性别	0.014 (0.009)	0.013 (0.009)	0.015 (0.009)
年龄	2.064** (1.051)	2.049* (1.051)	2.037* (1.050)
年龄平方项	−0.505 (0.309)	−0.499 (0.309)	−0.498 (0.308)
农村	−0.179*** (0.017)	−0.180*** (0.017)	−0.176*** (0.017)
教育	0.078*** (0.008)	0.079*** (0.008)	0.075*** (0.008)
工作	−0.001 (0.001)	−0.001 (0.001)	−0.001 (0.001)
健康	0.010 (0.014)	0.011 (0.014)	0.009 (0.014)
婚姻	0.000 (0.013)	0.000 (0.013)	0.000 (0.013)
信任	0.009** (0.004)	0.009** (0.004)	0.008* (0.004)

项　目	家庭风险金融市场参与		
	（1）	（2）	（3）
幸福	−0.004 （0.005）	−0.004 （0.005）	−0.004 （0.005）
家庭收入第四个四分位数	0.167*** （0.012）	0.167*** （0.012）	0.163*** （0.012）
家庭收入第三个四分位数	0.109*** （0.012）	0.110*** （0.012）	0.106*** （0.012）
家庭收入第二个四分位数	0.063*** （0.012）	0.063*** （0.012）	0.060*** （0.012）
省份虚拟变量	控制	控制	控制
N	7427	7427	7427
R^2	16.02％	15.96％	16.31％

注：括号中为稳健标准误，***、**、*分别表示在1％、5％和10％的统计水平上显著。

其中，列（1）展示了在线社会互动影响家庭风险金融市场参与的情况，列（2）展示了用户与用户互动影响家庭风险金融市场参与的情况，列（3）展示了用户与信息互动影响家庭风险金融市场参与的情况。列（1）—（3）都包含了线下社会互动（志愿服务）对家庭风险金融市场参与情况的影响。

结果显示，在线社会互动在5％水平上显著正向影响家庭风险金融市场参与，家庭在线社会互动每增加1％，其风险金融市场参与概率增加4％。用户与用户互动对家庭风险金融市场参与影响不显著。用户与信息互动在1％水平上显著正向影响家庭风险金融市场参与，家庭用户与信息互动每增加1％，其风险金融市场参与的可能性增加4.3％，而与前述研究不同的是，线下社会互动在中西部地区家庭样本中，对家庭风险金融市场参与决策的影响并不显著。综上所述，研究发现，中西部家庭主要通过在线社会交互的模式，而不是传统的线下社会交互，对参与风险金融市场进行决策。主要原因可能在于，一方面，我国对中西部地区数字普惠金融、数字化技术发展具有政策倾斜和战略布局，有力地推进了中西部地区金融发展和互联网基础设施建设，缩小了区域间数字鸿沟和地区发展差异。刘颖等（2022）同样发现了数字普惠金融对中西部地区家庭在风险金融资产配置概率和配置比例上具有显著积极的影响，而这种影响对东部地区家庭并不显著。另一方面,我国东部地区原本的经济发展情况就优于中西部地区,东部地区经济发达,经济基础好,导致互联网对家庭金融资产配置的影响作用有所弱化,而西部地区由于地理、经济等限制性因素,信息化基础建设对信息传播与经济发展的影响作用立竿见影。这种现象也体现在互联网使用对中西部家庭所产生的经济促进效应大于东部地区(江永红和黎进东,2021)。因此,大力发展中西部地区的数智金融,可以有效提升我国家庭风险金融资产参与的可能性。

从控制变量角度,中西部地区样本表现出独有的特征,比如性别、年龄的平方项、工作时长、家庭健康状况、婚姻情况、幸福状态等对家庭风险金融市场参与情况的影响都不大,而年龄、城乡差异、教育水平、信任、家庭收入等情况对家庭风险金融市场参与决策具有显著影响。因此,后续研究可以对中西部家庭进行更深入的探索。

四、中西部地区家庭风险金融资产占比情况分析

通过 Tobit 回归模型,本部分对在线社会互动影响家庭金融资产占比情况进行分析。其中,家庭风险金融资产占比为因变量。自变量包括在线社会互动、用户与用户互动、用户与信息互动。

对在线社会互动影响家庭风险金融资产占比情况进行实证分析。表6-4 展示了在线社会互动对家庭风险金融资产占比的 Tobit 回归分析结果。其中列(1)展示了在线社会互动影响家庭风险金融资产占比的情况,列(2)展示了用户与用户互动影响家庭风险金融资产占比的情况,列(3)展示了用户与信息互动影响家庭风险金融资产占比的情况。

表 6-4 中的列(1)显示,在线社会互动在 1% 水平上显著正向影响家庭风险金融资产占比,在线社会互动每增强 1%,家庭风险金融资产占比增加 4.8%。列(2)显示,用户与用户互动在 10% 水平上显著正向影响家庭风险金融资产占比,用户与用户互动每增强 1%,家庭风险金融资产占比增加 1.8%。列(3)显示,用户与信息互动在 1% 水平上显著正向影响家庭风险金融资产占比,用户与信息互动每增强 1%,家庭风险金融资产占比增加 4.4%,而线下社会互动(志愿服务)对家庭风险金融资产占比的影响并不显著。

上述分析说明,中西部家庭风险金融资产占比决策受到在线社会交互影响较大,无论是用户与用户互动还是用户与信息互动,都会对家庭风险金融资产占比造成显著正向影响,但线下社会互动(志愿服务)并不会对家庭风险金融资产占比产生影响。中西部家庭的表现不同于东部家庭,在下一节将对两者的差异进行分析。

表 6-4　中西部地区家庭风险金融资产占比实证结果

项　　目	家庭风险金融资产占比		
	(1)	(2)	(3)
在线社会互动	0.048***		
	(0.017)		
用户与用户互动		0.018*	
		(0.010)	
用户与信息互动			0.044***
			(0.009)
志愿服务	0.007	0.007	0.006
	(0.009)	(0.009)	(0.009)
家庭规模	−0.005	−0.005	−0.005
	(0.003)	(0.003)	(0.003)
性别	0.015	0.014	0.016*
	(0.010)	(0.010)	(0.010)
年龄	1.612	1.593	1.563
	(1.082)	(1.083)	(1.082)
年龄平方项	−0.363	−0.355	−0.349
	(0.317)	(0.318)	(0.317)
农村	−0.184***	−0.185***	−0.182***
	(0.018)	(0.018)	(0.018)
教育	0.074***	0.075***	0.071***
	(0.009)	(0.009)	(0.009)
工作	−0.001	−0.001	−0.001
	(0.001)	(0.001)	(0.001)
健康	0.011	0.012	0.010
	(0.014)	(0.014)	(0.014)
婚姻	−0.005	−0.005	−0.005
	(0.013)	(0.013)	(0.013)
信任	0.010**	0.010**	0.009**
	(0.004)	(0.004)	(0.004)
幸福	−0.007	−0.007	−0.007
	(0.005)	(0.005)	(0.005)

续表

项　目	家庭风险金融资产占比		
	(1)	(2)	(3)
家庭收入第四个四分位数	0.166*** (0.013)	0.166*** (0.013)	0.162*** (0.013)
家庭收入第三个四分位数	0.111*** (0.013)	0.111*** (0.013)	0.108*** (0.013)
家庭收入第二个四分位数	0.069*** (0.012)	0.069*** (0.012)	0.066*** (0.012)
常数项	−2.060** (0.918)	−2.021** (0.919)	−1.999** (0.918)
省份虚拟变量	控制	控制	控制
N	7427	7427	7427
R^2	25.94%	25.80%	26.37%

注:括号中为稳健标准误,***、**、*分别表示在1%、5%和10%的统计水平上显著。

五、区域差异下家庭金融资产配置的对比分析

从我国区域金融发展总体看,区域经济的不均衡发展,导致区域金融发展规模与金融市场发展不平衡。东部地区相较于中西部地区,其经济基础较好,金融人才聚集,金融需求较大,金融规模扩张拥有更为坚实的基础和条件,金融市场交易规模与交易工具都处于领先地位(乔蔚娜,2023)。区域差异下,家庭金融资产配置呈现出以下特征(见表6-5)。

第一,在线社会互动对中西部金融发展的促进作用明显高于东部地区,特别是风险金融资产占比情况。在线社会互动对中西部家庭风险金融资产占比的影响最大。已有研究得出了相同的结论,如钱玥琳(2023)基于中国国家金融调查数据,发现中西部地区受到数字普惠金融对家庭风险资产占比的影响相较于东部地区更强。

第二,用户与用户互动对中西部地区风险金融资产占比影响最大。不同于全样本与东部地区,用户与用户互动对家庭金融资产配置的影响较小,用户与用户互动可以显著提升中西部地区家庭风险金融资产占比。说明相对而言,中西部家庭更容易受到在线用户交互的影响,从而对家庭金融资产配置的比例进行调整。

第三,用户与信息互动对东部地区风险金融市场参与情况影响最大。说明东部地区的家庭通过在线交互信息的获取与学习,可以获得是否参与金融市场决策的信息,从而影响家庭参与金融市场的决策。

表 6-5　区域差异下家庭金融资产配置的对比分析

项　　目	全样本		东部地区		中西部地区	
	风险金融市场参与情况	风险金融资产占比情况	风险金融市场参与情况	风险金融资产占比情况	风险金融市场参与情况	风险金融资产占比情况
在线社会互动	0.039***	0.027***	0.036*	0.015	0.040**	0.048***
	(0.013)	(0.009)	(0.019)	(0.011)	(0.016)	(0.017)
用户与用户互动	0.012	0.006	0.007	−0.001	0.015	0.018*
	(0.008)	(0.006)	(0.011)	(0.007)	(0.010)	(0.010)
用户与信息互动	0.056***	0.040***	0.066***	0.039***	0.043***	0.044***
	(0.007)	(0.005)	(0.010)	(0.006)	(0.009)	(0.009)

注:括号中为稳健标准误,***、**、*分别表示在1%、5%和10%的统计水平上显著。

第二节　城乡异质性分析

本节描述我国社会发展不平衡——城乡发展不平衡背景下,我国城市家庭与农村家庭金融资产配置问题在社会互动影响下的现实情况。城乡发展不平衡的根源在于生产要素配置的不合理与不均衡,体现在金融方面,是金融资源供给的不均衡。在政府与市场的双重作用下,资金不断地从乡村地区抽取到城市地区,从农业抽取到非农行业。导致农村地区金融发展处于低水平陷阱,市场活力不足、发展动力衰退、市场化和现代化进程缓慢,城乡差异逐步扩大(梁常安,2023)。因此,本节从城市与农村差异出发,对在线社会互动影响家庭金融资产配置问题展开研究。

一、城市家庭风险金融市场参与情况分析

表 6-6 描述了城市家庭风险金融市场参与情况的 Probit 回归模型实证分析边际效应结果。其中,因变量为家庭风险金融市场参与。自变量为在线社会互动、用户与用户互动及用户与信息互动。通过 Probit 回归实证分析,检验城市家庭在线社会互动影响家庭风险金融市场参与的

情况。

其中,列(1)展示了在线社会互动影响家庭风险金融市场参与的情况,列(2)展示了用户与用户互动影响家庭风险金融市场参与的情况,列(3)展示了用户与信息互动影响家庭风险金融市场参与的情况。列(1)—(3)都包含了线下社会互动(志愿服务)对家庭风险金融市场参与情况的影响。

结果显示,在线社会互动在1‰水平上显著正向影响城市家庭风险金融市场参与,家庭在线社会互动每增加1‰,其风险金融市场参与概率增加4.9%。用户与用户互动在10%水平上显著正向影响城市家庭风险金融市场参与,家庭在线社会互动每增加1‰,其风险金融市场参与概率增加1.5%。用户与信息互动在1‰水平上显著正向影响城市家庭风险金融市场参与,用户与信息互动每增加1‰,其风险金融市场参与概率增加6.5%。

综上所述,在线社会互动对城市家庭金融市场参与决策具有重要影响。在当代城市家庭生活中,互联网数智技术已经成为城市居民使用的主流媒介,家庭对报纸、图书的需求大大降低(王福丽,2023)。因而尽管线下社会互动对家庭金融市场参与决策同样具有显著且积极的影响,但影响较在线社会互动小。城市家庭可以从在线社会互动中获得更多有益的金融决策。

表6-6　城市家庭风险金融市场参与情况实证结果

项　目	家庭风险金融市场参与		
	(1)	(2)	(3)
在线社会互动	0.049*** (0.015)		
用户与用户互动		0.015* (0.009)	
用户与信息互动			0.065*** (0.008)
志愿服务	0.027*** (0.007)	0.027*** (0.007)	0.025*** (0.007)
家庭规模	−0.008*** (0.003)	−0.008*** (0.003)	−0.008*** (0.003)
性别	0.023*** (0.008)	0.023*** (0.008)	0.025*** (0.008)

续表

项　目	家庭风险金融市场参与		
	（1）	（2）	（3）
年龄	3.748*** （0.902）	3.778*** （0.902）	3.740*** （0.901）
年龄平方项	−0.968*** （0.265）	−0.976*** （0.265）	−0.966*** （0.265）
教育	0.111*** （0.007）	0.112*** （0.007）	0.107*** （0.007）
工作	−0.003*** （0.001）	−0.003*** （0.001）	−0.003*** （0.001）
健康	0.021 （0.013）	0.021 （0.013）	0.020 （0.013）
婚姻	−0.008 （0.011）	−0.008 （0.011）	−0.007 （0.011）
信任	0.023*** （0.004）	0.023*** （0.004）	0.022*** （0.004）
幸福	−0.007 （0.004）	−0.007 （0.004）	−0.007 （0.004）
家庭收入第四个四分位数	0.231*** （0.011）	0.232*** （0.011）	0.225*** （0.011）
家庭收入第三个四分位数	0.147*** （0.011）	0.148*** （0.011）	0.142*** （0.011）
家庭收入第二个四分位数	0.065*** （0.011）	0.066*** （0.011）	0.062*** （0.011）
省份虚拟变量	控制	控制	控制
N	14259	14259	14259
R^2	13.61%	13.56%	13.97%

注：括号中为稳健标准误，***、**、*分别表示在1%、5%和10%的统计水平上显著。

二、城市家庭风险金融资产占比情况分析

通过 Tobit 回归模型，本部分实证研究了在线社会互动影响城市家庭金融资产占比的情况。其中，家庭风险金融资产占比为因变量。自变量包括在线社会互动、用户与用户互动、用户与信息互动。

对在线社会互动影响城市家庭风险金融资产占比情况进行实证分

析。表 6-7 展示了在线社会互动对家庭风险金融资产占比的 Tobit 回归分析结果。其中,列(1)展示了在线社会互动影响家庭风险金融资产占比的情况,列(2)展示了用户与用户互动影响家庭风险金融资产占比的情况,列(3)展示了用户与信息互动影响家庭风险金融资产占比的情况。

表 6-7 中的列(1)显示,在线社会互动在 1% 水平上显著正向影响家庭风险金融资产占比,用户在线社会互动强度每增强 1%,家庭风险金融资产占比增加 3%。列(3)显示,用户与信息互动在 1% 水平上显著正向影响家庭风险金融资产占比,用户与信息互动强度每增强 1%,家庭风险金融资产占比增加 4.1%。由列(2)可知,用户与用户互动并不显著影响家庭风险金融资产占比情况。线下社会互动(志愿服务)显示,线下交互在 1% 水平上显著正向影响家庭风险金融资产占比。线下社会互动(志愿服务)每增强 1%,家庭风险金融资产占比增长 1.4%。结论显示,对于城市家庭而言,在线社会互动、用户与信息互动可以显著提升家庭金融资产占比,但用户与用户互动影响不大。这说明城市家庭通过用户与信息互动获取了更多影响家庭风险金融资产占比决策的信息。

表 6-7　城市家庭风险金融资产占比的实证结果

项　目	家庭风险金融资产占比		
	(1)	(2)	(3)
在线社会互动	0.030*** (0.010)		
用户与用户互动		0.007 (0.006)	
用户与信息互动			0.041*** (0.005)
志愿服务	0.014*** (0.004)	0.014*** (0.004)	0.013*** (0.004)
家庭规模	−0.006*** (0.002)	−0.006*** (0.002)	−0.006*** (0.002)
性别	0.010** (0.005)	0.010* (0.005)	0.011** (0.005)
年龄	1.578*** (0.570)	1.597*** (0.570)	1.571*** (0.570)

续表

项 目	家庭风险金融资产占比		
	(1)	(2)	(3)
年龄平方项	−0.378** (0.168)	−0.383** (0.168)	−0.376** (0.167)
教育	0.066*** (0.005)	0.066*** (0.005)	0.063*** (0.005)
工作	−0.002*** (0.001)	−0.002*** (0.001)	−0.002*** (0.001)
健康	0.013 (0.009)	0.013 (0.009)	0.012 (0.009)
婚姻	−0.014** (0.007)	−0.014** (0.007)	−0.014* (0.007)
信任	0.013*** (0.002)	0.013*** (0.002)	0.013*** (0.002)
幸福	−0.007** (0.003)	−0.007** (0.003)	−0.007** (0.003)
家庭收入第四个四分位数	0.135*** (0.008)	0.135*** (0.008)	0.131*** (0.007)
家庭收入第三个四分位数	0.092*** (0.007)	0.093*** (0.007)	0.089*** (0.007)
家庭收入第二个四分位数	0.047*** (0.007)	0.048*** (0.007)	0.045*** (0.007)
常数项	−1.883*** (0.482)	−1.879*** (0.482)	−1.875*** (0.482)
省份虚拟变量	控制	控制	控制
N	14259	14259	14259
R^2	24.63%	24.51%	25.40%

注:括号中为稳健标准误,***、**、*分别表示在1%、5%和10%的统计水平上显著。

三、农村家庭风险金融市场参与情况分析

表 6-8 描述了农村家庭风险金融市场参与情况,研究主要采用 Probit 回归实证分析,输出边际效应结果。其中,家庭风险金融市场参与为因变量,自变量为在线社会互动、用户与用户互动及用户与信息互动。通过 Probit 回归实证分析,检验农村家庭在线社会互动影响家庭风险金融市

场参与的情况。

其中,列(1)展示了在线社会互动影响家庭风险金融市场参与的情况,列(2)展示了用户与用户互动影响家庭风险金融市场参与的情况,列(3)展示了用户与信息互动影响家庭风险金融市场参与的情况。列(1)—(3)都包含了线下社会互动(志愿服务)对家庭风险金融市场参与情况的影响。

结果显示,在线社会互动、用户与用户互动、用户与信息互动在农村家庭样本中,均未对家庭风险金融市场参与决策表现出显著的影响。说明大多数农村居民由于先天禀赋弱于城市家庭,在数字化设备拥有率、受教育程度、收入水平等方面均弱于城市家庭,因而很难通过互联网数智技术改变对股票、基金、债券等风险金融资产的认识,无法掌握基本的金融知识,不具有一般的风险识别能力,导致"自我排斥"现象(郭利华等,2022)。

表 6-8　城市家庭风险金融市场参与情况的实证结果

项　目	家庭风险金融市场参与		
	(1)	(2)	(3)
在线社会互动	−0.011 (0.012)		
用户与用户互动		−0.006 (0.009)	
用户与信息互动			0.007 (0.008)
志愿服务	0.010 (0.008)	0.010 (0.008)	0.009 (0.008)
家庭规模	−0.000 (0.003)	0.000 (0.003)	0.000 (0.003)
性别	−0.005 (0.014)	−0.004 (0.014)	−0.003 (0.014)
年龄	−2.288** (1.127)	−2.271** (1.127)	−2.221** (1.126)
年龄平方项	0.679** (0.329)	0.674** (0.329)	0.660** (0.329)
教育	0.035*** (0.012)	0.035*** (0.012)	0.035*** (0.012)
工作	−0.000 (0.001)	−0.000 (0.001)	−0.001 (0.001)
健康	−0.001 (0.012)	−0.001 (0.012)	−0.001 (0.012)

项　目	家庭风险金融市场参与		
	(1)	(2)	(3)
婚姻	−0.004 (0.015)	−0.003 (0.015)	−0.003 (0.015)
信任	0.005 (0.004)	0.005 (0.004)	0.005 (0.004)
幸福	−0.003 (0.004)	−0.003 (0.004)	−0.003 (0.004)
家庭收入第四个四分位数	0.052*** (0.011)	0.052*** (0.011)	0.051*** (0.011)
家庭收入第三个四分位数	0.025** (0.011)	0.025** (0.011)	0.025** (0.011)
家庭收入第二个四分位数	0.025** (0.010)	0.025** (0.010)	0.024** (0.010)
省份虚拟变量	控制	控制	控制
N	2243	2243	2243
R^2	15.87%	15.81%	15.87%

注:括号中为稳健标准误,***、**、*分别表示在1%、5%和10%的统计水平上显著。

四、农村家庭风险金融资产占比情况分析

通过 Tobit 回归模型实证研究受在线社会互动影响农村家庭金融资产占比的情况。其中,家庭风险金融资产占比为因变量。自变量包括在线社会互动、用户与用户互动、用户与信息互动。

对在线社会互动影响农村家庭风险金融资产占比情况进行实证分析。表6-9展示了在线社会互动对家庭风险金融资产占比的 Tobit 回归分析结果。其中列(1)展示了在线社会互动影响家庭风险金融资产占比的情况,列(2)展示了用户与用户互动影响家庭风险金融资产占比的情况,列(3)展示了用户与信息互动影响家庭风险金融资产占比的情况。

表6-9显示,在线社会互动对农村家庭风险金融资产占比影响不显著,说明农村家庭通过在线社会交互无法左右其金融资产配置决策。

表 6-9　农村家庭风险金融资产占比的实证结果

项　目	家庭风险金融资产占比		
	(1)	(2)	(3)
在线社会互动	−0.049 (0.054)		
用户与用户互动		−0.028 (0.038)	
用户与信息互动			0.025 (0.033)
志愿服务	0.034 (0.035)	0.035 (0.035)	0.032 (0.035)
家庭规模	0.005 (0.012)	0.005 (0.012)	0.005 (0.012)
性别	−0.000 (0.057)	0.002 (0.057)	0.004 (0.057)
年龄	−9.171* (4.895)	−9.098* (4.888)	−8.906* (4.887)
年龄平方项	2.733* (1.429)	2.707* (1.427)	2.657* (1.427)
教育	0.164*** (0.051)	0.162*** (0.051)	0.161*** (0.051)
工作	−0.004 (0.004)	−0.004 (0.004)	−0.004 (0.004)
健康	0.002 (0.052)	0.002 (0.052)	0.001 (0.053)
婚姻	−0.021 (0.063)	−0.020 (0.063)	−0.020 (0.063)
信任	0.016 (0.017)	0.017 (0.017)	0.017 (0.017)
幸福	−0.013 (0.019)	−0.013 (0.019)	−0.013 (0.019)
家庭收入第四个四分位数	0.227*** (0.049)	0.228*** (0.049)	0.225*** (0.049)
家庭收入第三个四分位数	0.107** (0.049)	0.108** (0.049)	0.108** (0.049)
家庭收入第二个四分位数	0.112** (0.045)	0.113** (0.045)	0.112** (0.045)
常数项	7.204* (4.167)	7.127* (4.159)	6.909* (4.157)
省份虚拟变量	控制	控制	控制
N	2632	2632	2632
R^2	24.99%	24.92%	24.94%

注:括号中为稳健标准误,***、**、*分别表示在1%、5%和10%的统计水平上显著。

五、城乡差异下家庭金融资产配置的对比分析

我国城乡之间的差异导致在线社会互动对家庭金融资产配置决策的影响不同。首先,农村居民收入较低,经济活动规模相对较小,导致家庭可支配收入不足(见表6-10)。2022年,全国居民人均可支配收入36883元,比上年名义增长5.0%,扣除价格因素,实际增长2.9%。分城乡看,城镇居民人均可支配收入49283元,增长3.9%,扣除价格因素,实际增长1.9%;农村居民人均可支配收入20133元,增长6.3%,扣除价格因素,实际增长4.2%。[①] 尽管农村居民收入增长幅度提升,但与城市居民可支配收入依旧存在一定差距。

其次,城乡之间的金融供给存在异质性特征。我国农村金融机构包括非银行机构及银行机构,其中银行机构包括中国农业银行、农村合作银行、中国农业发展银行、中国邮政储蓄银行和农村商业银行;非银行机构包括资金互助社、小额贷款公司、资产管理公司等。2022年,我国农村金融机构总资产约占银行业金融机构总资产的13.3%。[②] 农村地区的金融支持水平远低于城市地区,表现在金融机构少、金融产品供给不足、金融产品单一等,出现"营销排斥"现象(郭利华等,2022)。

综上分析,在城乡差异的情况下,城市家庭更容易由于数智化交互感受到金融资产配置的积极影响。我国家庭金融资产配置呈现出以下特征。

第一,在线社会互动对城市家庭的促进作用明显高于其他地区。特别是风险金融市场参与情况。在线社会互动对城市家庭风险金融市场参与的影响最大。说明城市家庭可以通过数智技术的普及,提升风险金融资产参与的可能性。可以加大数字金融、信息技术及普惠金融普及力度,提升城市家庭风险金融市场参与可能性。

第二,用户与用户互动仅在城市地区家庭表现出对风险金融市场参与的影响。不同于其他组别,仅城市地区的家庭可以通过线上相互之间的沟通和交互,提升风险金融市场参与的可能性。说明城市家庭通过网

---

①数据来源:中华人民共和国中央人民政府,网址:https://www.gov.cn/xinwen/2023-01/17/content_5737487.htm? eqid=b60f8198000237ca00000003645e0265。

②数据来源:https://www.sohu.com/a/669975026_121388108。

络沟通金融资产配置决策的可能性更大,更熟悉使用电子设备,对数智化产品的追求更开放与包容。

第三,用户与信息互动对城市家庭风险金融市场参与情况影响最大,对农村地区家庭没有显著影响。说明农村家庭与城市家庭对数智化设备的使用、从网络或数智化设备端口获取信息、处理信息及解读信息的能力存在差异。

表 6-10   城乡差异下家庭金融资产配置的对比分析

项　　目	全样本		城市地区		农村地区	
	风险金融市场参与情况	风险金融资产占比情况	风险金融市场参与情况	风险金融资产占比情况	风险金融市场参与情况	风险金融资产占比情况
在线社会互动	0.039***	0.027***	0.049***	0.030***	−0.011	−0.049
	(0.013)	(0.009)	(0.015)	(0.010)	(0.054)	(0.054)
用户与用户互动	0.012	0.006	0.015*	0.007	−0.006	−0.028
	(0.008)	(0.006)	(0.009)	(0.006)	(0.009)	(0.038)
用户与信息互动	0.056***	0.040***	0.065***	0.041***	0.007	0.025
	(0.007)	(0.005)	(0.008)	(0.005)	(0.008)	(0.033)

注:括号中为稳健标准误,***、**、*分别表示在1%、5%和10%的统计水平上显著。

第三节   教育水平异质性分析

教育水平反映了一个人的认知能力、思维方式、价值观念等。一般来说,受过良好教育的个体,面对复杂、多变的环境,其适应能力和应对突发事件的能力也就更强(张品茹,2022)。已有研究认为,教育主要通过提升家庭收入来影响家庭金融资产配置决策。较高的受教育程度与较低的股票市场进入成本和较大的贴现因子有关(Cooper & Zhu,2016)。本节通过区分家庭户主是否拥有大学学历,将样本分为大学及以上学历家庭和大学以下学历家庭,进而通过实证分析探索在线社会互动对家庭金融资产配置的影响。

一、大学及以上学历家庭风险金融市场参与情况分析

通过 Probit 回归模型实证分析,表 6-11 描述了大学及以上学历家庭风险金融市场参与情况的边际效应结果。其中,家庭的风险金融市场参

与为因变量。自变量为在线社会互动、用户与用户互动及用户与信息互动。通过 Probit 实证分析,检验大学及以上学历家庭在线社会互动影响家庭风险金融市场参与的情况。

其中,列(1)展示了在线社会互动影响家庭风险金融市场参与的情况,列(2)展示了用户与用户互动影响家庭风险金融市场参与的情况,列(3)展示了用户与信息互动影响家庭风险金融市场参与的情况。列(1)—(3)都包含了线下社会互动(志愿服务)对家庭风险金融市场参与情况的影响。

结果显示,在线社会互动在 1%水平上显著正向影响大学及以上学历家庭风险金融市场参与,家庭在线社会互动每增加 1%,其风险金融市场参与概率增加 7.6%。用户与用户互动对大学及以上学历家庭风险金融市场参与的影响不显著。用户与信息互动在 1%水平上显著正向影响大学及以上学历家庭风险金融市场参与,用户与信息互动每增加 1%,其风险金融市场参与概率增加 8.7%。

综上所述,在线社会互动、用户与信息互动对大学及以上学历家庭金融市场参与决策影响较大。教育水平高的家庭,更容易在互联网上寻找到有效信息,更容易接受新兴数智化技术,更容易接受数字金融服务,从而提升家庭金融市场参与度。

表 6-11　大学及以上学历家庭风险金融市场参与情况的实证结果

项　目	家庭风险金融市场参与		
	(1)	(2)	(3)
在线社会互动	0.076** (0.030)		
用户与用户互动		0.029 (0.018)	
用户与信息互动			0.087*** (0.017)
志愿服务	0.023* (0.012)	0.023* (0.012)	0.020 (0.012)
家庭规模	−0.003 (0.006)	−0.003 (0.006)	−0.003 (0.006)
性别	0.018 (0.015)	0.017 (0.015)	0.021 (0.015)

续表

项 目	家庭风险金融市场参与		
	(1)	(2)	(3)
年龄	7.932*** (1.711)	7.980*** (1.710)	7.854*** (1.707)
年龄平方项	−2.158*** (0.508)	−2.169*** (0.508)	−2.134*** (0.507)
农村	−0.238*** (0.059)	−0.238*** (0.059)	−0.232*** (0.059)
工作	−0.002 (0.002)	−0.002 (0.002)	−0.002 (0.002)
健康	−0.014 (0.031)	−0.011 (0.031)	−0.015 (0.030)
婚姻	−0.036* (0.021)	−0.036* (0.021)	−0.036* (0.021)
信任	0.031*** (0.007)	0.031*** (0.007)	0.031*** (0.007)
幸福	−0.006 (0.009)	−0.006 (0.009)	−0.005 (0.009)
家庭收入第四个四分位数	0.257*** (0.024)	0.258*** (0.024)	0.249*** (0.024)
家庭收入第三个四分位数	0.131*** (0.025)	0.132*** (0.025)	0.126*** (0.025)
家庭收入第二个四分位数	0.023 (0.027)	0.024 (0.027)	0.018 (0.027)
省份虚拟变量	控制	控制	控制
N	5193	5193	5193
R^2	10.60%	10.54%	10.93%

注:括号中为稳健标准误,***、**、*分别表示在1%、5%和10%的统计水平上显著。

二、大学及以上学历家庭风险金融资产占比情况分析

表 6-12 描述了 Tobit 回归模型实证研究结果,展示了在线社会互动影响大学及以上学历家庭金融资产占比的情况。其中,家庭风险金融资产占比为因变量。自变量包括在线社会互动、用户与用户互动、用户与信息互动。

表 6-12 展示了在线社会互动对家庭风险金融资产占比的 Tobit 回归分析结果。其中列(1)展示了在线社会互动影响家庭风险金融资产占比的情况,列(2)展示了用户与用户互动影响家庭风险金融资产占比的情况,列(3)展示了用户与信息互动影响家庭风险金融资产占比的情况。

表 6-12 中的列(1)显示,在线社会互动在 5％水平上显著正向影响家庭风险金融资产占比,用户在线社会互动强度每增强 1％,家庭风险金融资产占比增加 3.1％。列(2)显示,在线社会互动在 1％水平上显著正向影响家庭风险金融资产占比,用户在线社会互动强度每增加 1％,家庭风险金融资产占比增加 1.4％。列(3)显示,用户与信息互动在 1％水平上显著正向影响家庭风险金融资产占比,用户与信息互动强度每增强 1％,家庭风险金融资产占比增加 3.8％。线下社会互动(志愿服务)对家庭风险金融资产占比影响不显著。

综上分析,对于大学及以上学历家庭而言,在线社会互动、用户与用户互动、用户与信息互动可以显著提升家庭金融资产占比,但线下社会互动(志愿服务)影响不大。说明拥有大学及以上学历的家庭对互联网接受度更高,更容易通过在线方式获取金融投资相关信息,传统的线下社会互动影响减弱。通过网络数智化方式,大学及以上学历家庭提升了风险金融资产投资占比。

表 6-12　大学及以上学历家庭风险金融资产占比的实证结果

项　目	家庭风险金融资产占比		
	(1)	(2)	(3)
在线社会互动	0.031** (0.014)		
用户与用户互动		0.014* (0.008)	
用户与信息互动			0.038*** (0.008)
志愿服务	0.007 (0.006)	0.007 (0.006)	0.006 (0.006)
家庭规模	−0.001 (0.003)	−0.001 (0.003)	−0.002 (0.003)

续表

项 目	家庭风险金融资产占比		
	(1)	(2)	(3)
性别	0.000	−0.000	0.002
	(0.007)	(0.007)	(0.007)
年龄	3.109***	3.122***	3.065***
	(0.784)	(0.784)	(0.783)
年龄平方项	−0.832***	−0.835***	−0.819***
	(0.233)	(0.232)	(0.232)
农村	−0.092***	−0.093***	−0.090***
	(0.027)	(0.027)	(0.027)
工作	−0.002*	−0.002**	−0.002*
	(0.001)	(0.001)	(0.001)
健康	−0.005	−0.004	−0.006
	(0.014)	(0.014)	(0.014)
婚姻	−0.032***	−0.032***	−0.032***
	(0.010)	(0.010)	(0.010)
信任	0.011***	0.011***	0.011***
	(0.003)	(0.003)	(0.003)
幸福	−0.006	−0.006	−0.005
	(0.004)	(0.004)	(0.004)
家庭收入第四个四分位数	0.106***	0.107***	0.103***
	(0.012)	(0.012)	(0.012)
家庭收入第三个四分位数	0.057***	0.057***	0.054***
	(0.012)	(0.012)	(0.012)
家庭收入第二个四分位数	0.020	0.021	0.018
	(0.013)	(0.013)	(0.013)
常数项	−3.014***	−3.013***	−2.980***
	(0.655)	(0.655)	(0.654)
省份虚拟变量	控制	控制	控制
N	5193	5193	5193
R^2	24.92%	24.83%	25.80%

注:括号中为稳健标准误,***、**、*分别表示在1%、5%和10%的统计水平上显著。

三、大学以下学历家庭风险金融市场参与情况分析

大学以下学历家庭风险金融市场参与情况的 Probit 实证分析边际效应结果,如表 6-13 所示。其中,家庭的风险金融市场参与为因变量。

自变量为在线社会互动、用户与用户互动及用户与信息互动。通过Probit实证分析,检验大学以下学历家庭在线社会互动影响家庭风险金融市场参与的情况。

表 6-13 中的列(1)展示了在线社会互动影响家庭风险金融市场参与的情况,列(2)展示了用户与用户互动影响家庭风险金融市场参与的情况,列(3)展示了用户与信息互动影响家庭风险金融市场参与的情况。列(1)—(3)都包含了线下社会互动(志愿服务)对家庭风险金融市场参与情况的影响。

结果显示,在线社会互动在 5%水平上显著正向影响大学以下学历家庭风险金融市场参与,家庭在线社会互动每增加 1%,其风险金融市场参与概率增加 2.5%。用户与信息互动在 1%水平上显著正向影响城市家庭风险金融市场参与,用户与信息互动每增加 1%,其风险金融市场参与概率增加 4.4%,而用户与用户互动对风险金融市场参与的影响并不显著。线下社会互动(志愿服务)在 1%水平上显著正向影响家庭金融市场参与行为。家庭线下社会互动每增加 1%,其风险金融市场参与概率增加 2.4%。

综上所述,在线社会互动对大学以下学历家庭金融市场参与决策具有一定的影响,但线下社会互动具有同样的作用。说明在线信息的互动可以在一定程度上对大学以下学历家庭造成影响,比如通过网络学习、掌握金融相关信息,但是,线下社会互动同样重要。在线社会互动尚未成为主要的信息传递渠道。

表 6-13　大学以下学历家庭风险金融市场参与情况的实证结果

项　目	家庭风险金融市场参与		
	(1)	(2)	(3)
在线社会互动	0.025** (0.013)		
用户与用户互动		0.005 (0.008)	
用户与信息互动			0.044*** (0.007)
志愿服务	0.024*** (0.007)	0.024*** (0.007)	0.022*** (0.007)
家庭规模	−0.009*** (0.003)	−0.009*** (0.003)	−0.009*** (0.003)

续表

项　目	家庭风险金融市场参与		
	(1)	(2)	(3)
性别	0.019***	0.019***	0.021***
	(0.007)	(0.007)	(0.007)
年龄	0.185	0.200	0.198
	(0.848)	(0.849)	(0.848)
年龄平方项	0.026	0.022	0.022
	(0.247)	(0.247)	(0.247)
农村	−0.160***	−0.161***	−0.157***
	(0.012)	(0.012)	(0.012)
工作	−0.002***	−0.002***	−0.002***
	(0.001)	(0.001)	(0.001)
健康	0.022**	0.022**	0.021*
	(0.011)	(0.011)	(0.011)
婚姻	0.005	0.005	0.006
	(0.010)	(0.010)	(0.010)
信任	0.015***	0.015***	0.015***
	(0.003)	(0.003)	(0.003)
幸福	−0.005	−0.005	−0.005
	(0.004)	(0.004)	(0.004)
家庭收入第四个四分位数	0.161***	0.161***	0.156***
	(0.009)	(0.009)	(0.009)
家庭收入第三个四分位数	0.111***	0.111***	0.108***
	(0.009)	(0.009)	(0.009)
家庭收入第二个四分位数	0.057***	0.057***	0.054***
	(0.009)	(0.009)	(0.009)
省份虚拟变量	控制	控制	控制
N	11698	11698	11698
R^2	16.81%	16.77%	17.22%

注:括号中为稳健标准误,***、**、*分别表示在1%、5%和10%的统计水平上显著。

四、大学以下学历家庭风险金融资产占比情况分析

表 6-14 描述了 Tobit 回归模型实证结果,展示了在线社会互动影响大学以下家庭金融资产占比的情况。其中,家庭风险金融资产占比为因变量。自变量包括在线社会互动、用户与用户互动、用户与信息互动。

表 6-14 展示了在线社会互动对家庭风险金融资产占比的 Tobit 回

归分析结果。其中,列(1)展示了在线社会互动影响家庭风险金融资产占比的情况,列(2)展示了用户与用户互动影响家庭风险金融资产占比的情况,列(3)展示了用户与信息互动影响家庭风险金融资产占比的情况。

表6-14中的列(1)显示,在线社会互动在5%水平上显著正向影响家庭风险金融资产占比,用户在线社会互动每增强1%,家庭风险金融资产占比增加2.6%。列(3)显示,用户与信息互动在1%水平上显著正向影响家庭风险金融资产占比,用户与信息互动每增强1%,家庭风险金融资产占比增加4.5%。而由列(2)可知,用户与用户互动并不显著影响家庭风险金融资产占比情况。线下社会互动(志愿服务)研究显示,线下交互在1%水平上显著正向影响家庭风险金融资产占比。线下社会互动(志愿服务)每增加1%,家庭风险金融资产占比增长2.1%。结论显示,对于大学以下学历家庭而言,在线社会互动、用户与信息互动可以显著提升家庭金融资产占比,但用户与用户互动影响不大。线下社会互动(志愿服务)保持同样的重要性。说明大学以下学历家庭主要通过用户与信息互动获取更多影响家庭风险金融资产占比决策的信息,但尚未改变线下社会互动的模式。

表 6-14　大学以下学历家庭风险金融资产占比的实证结果

项　目	家庭风险金融资产占比		
	(1)	(2)	(3)
在线社会互动	0.026** (0.013)		
用户与用户互动		0.001 (0.008)	
用户与信息互动			0.045*** (0.007)
志愿服务	0.021*** (0.007)	0.021*** (0.007)	0.020*** (0.007)
家庭规模	−0.009*** (0.003)	−0.009*** (0.003)	−0.009*** (0.003)
性别	0.018** (0.007)	0.018** (0.007)	0.020*** (0.007)
年龄	−0.456 (0.853)	−0.431 (0.854)	−0.441 (0.853)

续表

项 目	家庭风险金融资产占比		
	(1)	(2)	(3)
年龄平方项	0.217 (0.249)	0.209 (0.249)	0.212 (0.249)
农村	−0.161*** (0.012)	−0.162*** (0.012)	−0.158*** (0.012)
工作	−0.003*** (0.001)	−0.003*** (0.001)	−0.003*** (0.001)
健康	0.021* (0.011)	0.022* (0.011)	0.021* (0.011)
婚姻	−0.000 (0.011)	−0.000 (0.011)	0.001 (0.011)
信任	0.015*** (0.003)	0.015*** (0.003)	0.014*** (0.003)
幸福	−0.007* (0.004)	−0.007* (0.004)	−0.008* (0.004)
家庭收入第四个四分位数	0.151*** (0.010)	0.151*** (0.010)	0.146*** (0.010)
家庭收入第三个四分位数	0.111*** (0.010)	0.111*** (0.010)	0.108*** (0.010)
家庭收入第二个四分位数	0.060*** (0.010)	0.061*** (0.010)	0.058*** (0.009)
常数项	−0.209 (0.729)	−0.206 (0.730)	−0.224 (0.729)
省份虚拟变量	控制	控制	控制
N	11698	11698	11698
R^2	26.62%	26.54%	27.34%

注:括号中为稳健标准误,***、**、*分别表示在1%、5%和10%的统计水平上显著。

五、教育水平差异下家庭金融资产配置的对比分析

教育是影响家庭金融资产配置的重要因素。国家教育普及是提升国民素质的有效手段,可以促进科技进步、提升经济发展(刘争等,2023)。家庭教育水平直接关系到家庭金融素养程度、对新知识新技术的接受程度、对数智化金融产品的接受程度。本部分探索了拥有大学及以上学历家庭和大学以下学历家庭在线社会交互对家庭金融资产配置的影响,如表6-15所示。研究得出以下三点结论。

第一，在线社会互动对拥有大学及以上学历家庭的促进作用明显高于其他家庭，特别是风险金融市场参与情况。说明拥有大学及以上学历家庭更容易受到在线社会互动的影响，从而增加家庭金融资产配置的可能性。该结论与已有研究一致。刘争等（2023）运用中国家庭追踪调查数据，发现教育提高了中国家庭风险金融市场参与概率和参与深度。家庭受教育水平越高，对知识掌握得越熟练，对风险的感知程度越低，越能提升家庭金融资产配置。

第二，用户与用户互动仅影响大学及以上学历家庭风险金融资产占比情况。说明用户之间的在线沟通与交流对家庭风险金融资产配置影响不大。拥有大学及以上学历家庭的交互对象也可能拥有大学及以上学历，从而可以从沟通与交互中，对家庭金融资产占比产生积极的影响。

第三，用户与信息互动对大学及以上学历家庭风险金融市场参与情况影响最大。说明大学及以上学历家庭更容易接受数智化金融产品，从在线互动中获得有效信息，可以便捷地使用在线金融服务，从而提升家庭金融市场参与的可能性。

表 6-15　教育水平差异下家庭金融资产配置的对比分析

项　　目	全样本		大学及以上学历家庭		大学以下学历家庭	
	风险金融市场参与情况	风险金融资产占比情况	风险金融市场参与情况	风险金融资产占比情况	风险金融市场参与情况	风险金融资产占比情况
在线社会互动	0.039*** (0.013)	0.027*** (0.009)	0.076** (0.030)	0.031** (0.014)	0.025** (0.013)	0.026** (0.013)
用户与用户互动	0.012 (0.008)	0.006 (0.006)	0.029 (0.018)	0.014* (0.008)	0.005 (0.008)	0.001 (0.008)
用户与信息互动	0.056*** (0.007)	0.040*** (0.005)	0.087*** (0.017)	0.038*** (0.008)	0.044*** (0.007)	0.045*** (0.007)

注：括号中为稳健标准误，***、**、*分别表示在1%、5%和10%的统计水平上显著。

第四节　收入水平异质性分析

我国走在共同富裕的道路上，家庭之间可支配收入的差距不断缩小。据国家统计局发布的数据，2021年，收入最高的10%的中国家庭（约3亿人)人均可支配收入为 7153 元/月,最低的 20% 的家庭,人均可支配收入为 694 元/月。① 家庭收入、财富可以积极影响家庭金融资产配置决策(Liang & Guo,2015)。本节将样本家庭按照中位数,分为高收入家庭及低收入家庭,对不同收入家庭在线社会交互对家庭金融资产配置决策的影响展开实证分析。

一、高收入家庭风险金融市场参与情况分析

通过 Probit 回归模型,本节对高收入家庭风险金融市场参与情况进行分析。其中,家庭的风险金融市场参与为因变量。自变量为在线社会互动、用户与用户互动及用户与信息互动。

表 6-16 展示了高收入家庭在线社会互动对风险金融市场参与的 Probit 回归分析边际效应实证结果。其中,列(1)展示了在线社会互动影响家庭风险金融市场参与的情况,列(2)展示了用户与用户互动影响家庭风险金融市场参与的情况,列(3)展示了用户与信息互动影响家庭风险金融市场参与的情况。列(1)—(3)都包含了线下社会互动(志愿服务)对家庭风险金融市场参与情况的影响。

结果显示,在线社会互动在 10% 水平上显著正向影响家庭风险金融市场参与,家庭在线社会互动每增加 1%,其风险金融市场参与概率增加 3.9%。用户与用户互动对家庭风险金融市场参与影响不显著。用户与信息互动在 1% 水平上显著正向影响家庭风险金融市场参与,家庭用户与信息互动每增加 1%,其风险金融市场参与概率增加 7.5%。同时,线下社会互动在 1% 水平上显著正向影响家庭风险金融市场参与概率,家庭线下社会互动每增加 1%,其风险金融市场参与概率增加约 4%。综上所述,高收入家庭用户与信息互动是影响家庭风险金融市场参与的重要因素,其影响作用较大,大于线下用户交互。与全样本相比,高收入家庭在线社会互动对家庭风险金融市场参与概率的影响相差不大,而用户与

①数据来源:https://mp.weixin.qq.com/s?__biz=MzI3MDUwNDU0Ng== & mid=2247618566 & idx=2 & sn=465cf2408afbb8cf7649d989367dead8 & chksm=ead3570bdda4de1dfe4f9c393e1eba95ee0c86b85e9551335f399b95726b0417053b268453ce & scene=27。

信息互动对于高收入家庭而言,具有更大的影响。因此,高收入家庭参与风险金融市场的决策对用户与信息互动的在线影响更为敏感,主要原因可能是高收入家庭更注重金融资产配置,拥有更多的在线渠道获得有效的信息,更容易获得并使用先进的技术,因而家庭更容易通过数智技术获得风险金融市场参与的情况,从而影响他们的选择。

表 6-16　高收入家庭风险金融市场参与情况的实证结果

项　目	家庭风险金融市场参与		
	(1)	(2)	(3)
在线社会互动	0.039*		
	(0.022)		
用户与用户互动		0.014	
		(0.013)	
用户与信息互动			0.075***
			(0.012)
志愿服务	0.040***	0.040***	0.037***
	(0.010)	(0.010)	(0.010)
家庭规模	−0.009**	−0.009**	−0.009**
	(0.004)	(0.004)	(0.004)
性别	0.032***	0.031***	0.033***
	(0.012)	(0.012)	(0.012)
年龄	5.578***	5.630***	5.522***
	(1.376)	(1.376)	(1.375)
年龄平方项	−1.479***	−1.493***	−1.461***
	(0.404)	(0.404)	(0.404)
农村	−0.284***	−0.285***	−0.278***
	(0.025)	(0.025)	(0.025)
教育	0.152***	0.152***	0.147***
	(0.010)	(0.010)	(0.010)
工作	−0.003**	−0.003**	−0.003**
	(0.001)	(0.001)	(0.001)
健康	0.017	0.017	0.017
	(0.021)	(0.021)	(0.021)
婚姻	0.003	0.003	0.004
	(0.019)	(0.019)	(0.019)
信任	0.034***	0.034***	0.033***
	(0.006)	(0.006)	(0.006)
幸福	−0.006	−0.006	−0.006
	(0.006)	(0.006)	(0.006)

续表

项　目	家庭风险金融市场参与		
	(1)	(2)	(3)
省份虚拟变量	控制	控制	控制
N	8445	8445	8445
R^2	10.19%	10.17%	10.54%

注:括号中为稳健标准误,***、**、*分别表示在1%、5%和10%的统计水平上显著。

二、高收入家庭风险金融资产占比情况分析

本部分采用 Tobit 回归模型实证研究在线社会互动影响家庭金融资产占比的情况。其中,家庭风险金融资产占比为因变量。自变量包括在线社会互动、用户与用户互动、用户与信息互动。

对在线社会互动影响家庭风险金融资产占比情况进行实证分析。表6-17 展示了在线社会互动对家庭风险金融资产占比的 Tobit 回归分析结果。其中,列(1)展示了在线社会互动影响家庭风险金融资产占比情况,列(2)展示了用户与用户互动影响家庭风险金融资产占比的情况,列(3)展示了用户与信息互动影响家庭风险金融资产占比的情况。

表 6-17 中的列(3)显示,用户与信息互动在1%水平上显著正向影响家庭风险金融资产占比,用户与信息互动每增强 1%,家庭风险金融资产占比增加 3.3%。而根据列(1)、列(2),用户与在线社会互动、用户与用户互动并不影响家庭风险金融资产占比情况。线下社会互动(志愿服务)显示,线下交互在 1%水平上显著正向影响家庭风险金融资产占比。线下社会互动(志愿服务)每增长 1%,家庭风险金融资产占比增长 1.6%。结论显示,对于高收入家庭而言,在线用户与信息互动可以显著提升家庭风险金融资产占比,但在线社会互动、用户与用户互动影响不大。结果表明,高收入家庭对于金融资产占比的决策更注重在线信息的交互,通过互联网的沟通,可以提升风险金融资产投资的比重,这种对金融资产占比的提升作用大约是线下社会互动的两倍。因而,通过互联网数智渠道传递有效信息,是提升家庭金融资产配置的现代化的有效交互方式。

表 6-17　高收入家庭风险金融资产占比的实证结果

项　　目	家庭风险金融资产占比		
	（1）	（2）	（3）
在线社会互动	0.014 (0.010)		
用户与用户互动		0.002 (0.006)	
用户与信息互动			0.033*** (0.006)
志愿服务	0.016*** (0.005)	0.016*** (0.005)	0.015*** (0.005)
家庭规模	−0.004** (0.002)	−0.004** (0.002)	−0.004** (0.002)
性别	0.011** (0.005)	0.011* (0.005)	0.012** (0.005)
年龄	1.613** (0.637)	1.632** (0.637)	1.586** (0.637)
年龄平方项	−0.398** (0.187)	−0.404** (0.187)	−0.389** (0.187)
农村	−0.132*** (0.012)	−0.132*** (0.012)	−0.129*** (0.012)
教育	0.063*** (0.005)	0.064*** (0.005)	0.061*** (0.005)
工作	−0.002*** (0.001)	−0.002*** (0.001)	−0.002*** (0.001)
健康	0.009 (0.010)	0.009 (0.010)	0.009 (0.010)
婚姻	−0.000 (0.009)	−0.000 (0.009)	0.001 (0.009)
信任	0.013*** (0.003)	0.014*** (0.003)	0.013*** (0.003)
幸福	−0.005 (0.003)	−0.005 (0.003)	−0.005 (0.003)
常数项	−1.733*** (0.538)	−1.735*** (0.538)	−1.722*** (0.538)
省份虚拟变量	控　制	控　制	控　制
N	8445	8445	8445
R^2	25.13%	25.07%	26.05%

注：括号中为稳健标准误。***、**、*分别表示在1%、5%和10%的统计水平上显著。

三、低收入家庭风险金融市场参与情况分析

本部分运用 Probit 回归模型实证分析低收入家庭风险金融市场参与情况。其中,家庭的风险金融市场参与为因变量。自变量为在线社会互动、用户与用户互动及用户与信息互动。

表 6-18 展示了低收入家庭在线社会互动对风险金融市场参与的 Probit 回归分析边际效应实证结果。其中,列(1)展示了在线社会互动影响家庭风险金融市场参与的情况,列(2)展示了用户与用户互动影响家庭风险金融市场参与的情况,列(3)展示了用户与信息互动影响家庭风险金融市场参与的情况。列(1)—(3)都包含了线下社会互动(志愿服务)对家庭风险金融市场参与情况的影响。

结果显示,在线社会互动在 1% 水平上显著正向影响家庭风险金融市场参与,家庭在线社会互动每增加 1%,其风险金融市场参与概率增加 3.9%。用户与用户互动在 10% 水平上显著正向影响家庭风险金融市场参与,家庭在线社会互动每增加 1%,其风险金融市场参与概率增加 1.3%。用户与信息互动在 1% 水平上显著正向影响家庭风险金融市场参与,家庭用户与信息互动每增加 1%,其风险金融市场参与的可能性增加 4.2%。因而,对于低收入家庭而言,在线社会互动是影响家庭风险金融市场参与决策的重要因素。主要原因可能在于,一方面,低收入家庭收入来源较为单一,一般家庭所处区域金融服务业发展不发达,因而通过互联网在线互动,可以获得更发达区域的先进投资理念与思想,从而有力推进了家庭金融市场参与;另一方面,对于线下社会互动而言,低收入家庭在 10% 水平上显著正向影响家庭风险金融市场参与,家庭在线社会互动每增加 1%,其风险金融市场参与概率增加 1.2%。因而,线下社会互动由于存在区域的局限性,同一社群、邻里范围内相互之间的影响对低收入家庭作用一般,低收入家庭经济受限的原因可能在于区域经济发展的不均衡。

从控制变量角度来看,低收入家庭的风险金融市场参与决策仅受到性别、城乡差异、教育水平、信任的影响。该结论进一步说明了由于城乡差异的存在,不发达地区(一般为我国农村地区)教育水平不均衡,家庭获得金融知识、金融能力、计算机应用技术与能力知识水平参差不齐,导致

家庭处于低收入水平。因而通过互联网获得发达区域先进投资信息与投资内容的家庭可以提升家庭金融市场参与的可能性。

表 6-18　低收入家庭风险金融市场参与情况的实证结果

项　目	家庭风险金融市场参与		
	(1)	(2)	(3)
在线社会互动	0.039***		
	(0.014)		
用户与用户互动		0.013*	
		(0.008)	
用户与信息互动			0.042***
			(0.007)
志愿服务	0.012*	0.012*	0.011*
	(0.007)	(0.007)	(0.007)
家庭规模	−0.003	−0.003	−0.003
	(0.003)	(0.003)	(0.003)
性别	0.013*	0.012*	0.015**
	(0.007)	(0.007)	(0.007)
年龄	0.643	0.613	0.679
	(0.764)	(0.764)	(0.762)
年龄平方项	−0.116	−0.106	−0.129
	(0.225)	(0.225)	(0.224)
农村	−0.125***	−0.126***	−0.123***
	(0.013)	(0.013)	(0.013)
教育	0.063***	0.063***	0.059***
	(0.007)	(0.007)	(0.007)
工作	−0.001	−0.001	−0.001
	(0.001)	(0.001)	(0.001)
健康	0.010	0.011	0.009
	(0.011)	(0.011)	(0.011)
婚姻	0.003	0.003	0.003
	(0.009)	(0.009)	(0.009)
信任	0.010***	0.010***	0.009***
	(0.003)	(0.003)	(0.003)
幸福	−0.004	−0.004	−0.004
	(0.004)	(0.004)	(0.004)
省份虚拟变量	控制	控制	控制
N	8446	8446	8446
R^2	11.74%	11.62%	12.27%

注:括号中为稳健标准误,***、**、*分别表示在1%、5%和10%的统计水平上显著。

四、低收入家庭风险金融资产占比情况分析

本部分对在线社会互动影响低收入家庭金融资产占比情况进行 Tobit 回归模型实证分析。其中,家庭风险金融资产占比为因变量。自变量包括在线社会互动、用户与用户互动、用户与信息互动。

对在线社会互动影响家庭风险金融资产占比情况进行实证分析。表 6-19 展示了在线社会互动对家庭风险金融资产占比的 Tobit 回归分析结果。其中,列(1)展示了在线社会互动影响家庭风险金融资产占比的情况,列(2)展示了用户与用户互动影响家庭风险金融资产占比的情况,列(3)展示了用户与信息互动影响家庭风险金融资产占比的情况。

表 6-19 中的列(1)显示,在线社会互动在 1% 水平上显著正向影响家庭风险金融资产占比,在线社会互动每增强 1%,家庭风险金融资产占比增加 6.8%。列(2)显示,用户与用户互动对家庭风险金融资产占比影响不显著。列(3)显示,用户与信息互动在 1% 水平上显著正向影响家庭风险金融资产占比,用户与信息互动每增强 1%,家庭风险金融资产占比增加 7%,而线下社会互动(志愿服务)对低收入家庭风险金融资产占比影响并不显著。

上述分析说明,低收入家庭风险金融资产占比的决策受在线社会交互影响较大,特别是用户与信息互动,会对家庭风险金融资产占比造成显著正向影响。但是,线下社会互动(志愿服务)并不会对家庭风险金融资产占比产生影响。低收入家庭由于区域受限,线下的社会互动很难提供有价值的金融支持决策,通过互联网发展与在线社会互动,可以有效提升家庭获取的信息,从而增加家庭持有更多风险金融资产的可能性。

表 6-19　低收入家庭风险金融资产占比的实证结果

项　目	家庭风险金融资产占比		
	(1)	(2)	(3)
在线社会互动	0.068*** (0.023)		
用户与用户互动		0.022 (0.013)	

续表

项　目	家庭风险金融资产占比		
	(1)	(2)	(3)
用户与信息互动			0.070***
			(0.012)
志愿服务	0.016	0.016	0.015
	(0.011)	(0.011)	(0.011)
家庭规模	−0.005	−0.005	−0.005
	(0.005)	(0.005)	(0.005)
性别	0.015	0.014	0.018
	(0.012)	(0.012)	(0.012)
年龄	0.714	0.667	0.762
	(1.245)	(1.246)	(1.242)
年龄平方项	−0.089	−0.073	−0.107
	(0.367)	(0.367)	(0.366)
农村	−0.204***	−0.205***	−0.200***
	(0.022)	(0.022)	(0.022)
教育	0.104***	0.104***	0.098***
	(0.012)	(0.012)	(0.012)
工作	−0.002*	−0.002*	−0.002*
	(0.001)	(0.001)	(0.001)
健康	0.014	0.015	0.012
	(0.018)	(0.018)	(0.018)
婚姻	−0.012	−0.011	−0.012
	(0.015)	(0.015)	(0.015)
信任	0.015***	0.015***	0.015**
	(0.006)	(0.006)	(0.006)
幸福	−0.009	−0.009	−0.009
	(0.007)	(0.007)	(0.007)
常数项	−1.420	−1.341	−1.429
	(1.053)	(1.053)	(1.051)
省份虚拟变量	控制	控制	控制
N	8446	8446	8446
R^2	17.34%	17.13%	18.13%

注：括号中为稳健标准误，***、**、*分别表示在1%、5%和10%的统计水平上显著。

五、收入水平差异下家庭金融资产配置的对比分析

从我国家庭收入的水平分布看，我国各地区基尼系数居高不下，收入不平等问题是影响和制约我国经济社会高质量发展的重要因素（林常青和

涂钰珺,2022)。不仅城乡之间存在收入差异,农村内部也存在收入差异。崔泽园等(2021)利用中国家庭金融调查数据,构建了城乡家庭金融行为与收入差距的两部门模型及其面板混合效应回归,研究认为,城乡家庭金融行为差异的改善可以长期缓解收入差距。于乐荣等(2023)采用中国劳动力动态调查数据,发现互联网的普及可以显著提升平均家庭收入水平,降低家庭收入基尼系数。陈学兵和刘一伟(2023)研究发现,对互联网的使用显著提高了农户家庭总收入,互联网发挥的正向作用呈现出 U 形走势。本书研究发现,收入水平差异下的家庭金融资产配置体系呈现出以下特征。

第一,在线社会互动对低收入家庭的促进作用明显高于高收入家庭,特别是风险金融资产占比情况,在线社会互动对低收入家庭风险金融资产占比的影响最大。互联网可以显著提升家庭风险金融资产占比。

第二,用户与用户互动仅影响低收入家庭风险金融市场参与情况,说明用户之间的在线沟通与交流对家庭风险金融资产配置影响不大。低收入家庭更乐于在线与其他用户进行交流与互动,而其主要线上好友收入水平跨度不大,因而,从交流的兴趣与感知的乐趣出发,促进了他们持有风险金融资产的可能性。

第三,用户与信息互动在高收入家庭中表现为更高可能性的金融市场参与情况,在低收入家庭中表现为更高可能性的风险金融资产占比情况。因而,从总体而言,用户与信息互动对家庭金融资产配置决策影响更大,但高收入家庭偏好从互联网交互中获得有利信息从而决定是否加入金融市场,而低收入家庭由于互联网提升了有用信息的传递,从而增加了其风险金融资产配比。

表 6-20　收入水平差异下家庭金融资产配置的对比分析

项　目	全样本		高收入家庭		低收入家庭	
	风险金融市场参与情况	风险金融资产占比情况	风险金融市场参与情况	风险金融资产占比情况	风险金融市场参与情况	风险金融资产占比情况
在线社会互动	0.039*** (0.013)	0.027*** (0.009)	0.039* (0.022)	0.014 (0.010)	0.039*** (0.014)	0.068*** (0.023)
用户与用户互动	0.012 (0.008)	0.006 (0.006)	0.014 (0.013)	0.002 (0.006)	0.013* (0.008)	0.022 (0.013)
用户与信息互动	0.056*** (0.007)	0.040*** (0.005)	0.075*** (0.012)	0.033*** (0.006)	0.042*** (0.007)	0.070*** (0.012)

注:括号中为稳健标准误,***、*分别表示在1%和10%的统计水平上显著。

本章小结

本章主要从线上社会互动影响家庭风险金融资产配置的异质性出发,对全样本进行分组分析。第一,研究分析区位异质性,主要通过将样本分为东部地区与中西部地区,对东部、中西部地区家庭风险金融资产配置问题进行讨论。研究认为,区域经济的不均衡发展,导致家庭金融资产配置呈现出在线社会互动对中西部金融发展的促进作用明显高于东部地区的特征,用户与用户互动对中西部地区风险金融资产占比的影响最大,用户与信息互动对东部地区风险金融市场参与情况的影响最大。

第二,研究分析城乡异质性作用下,在线社会互动对家庭风险金融资产配置的影响。研究将样本区分为城市家庭与农村家庭,研究发现,由于农村与城市存在金融差距,我国家庭金融资产配置呈现出以下特征:在线社会互动对城市家庭的促进作用明显高于农村家庭。用户与用户互动仅在城市地区家庭表现出对风险金融市场参与的影响。用户与信息互动对城市家庭风险金融市场参与情况影响最大,对农村地区家庭没有显著影响。

第三,研究分析教育水平对在线社会互动影响家庭风险金融资产配置的作用。研究按照家庭户主受教育水平,将样本分为大学及以上学历家庭和大学以下学历家庭。研究发现,在线社会互动对拥有大学及以上学历家庭的促进作用明显高于其他家庭,特别是风险金融市场参与情况。用户与用户互动仅影响大学及以上学历家庭风险金融资产占比情况。用户与信息互动对大学及以上学历家庭风险金融市场参与情况影响最大。

第四,研究从家庭收入水平异质性角度,对在线社会互动影响家庭风险金融资产配置情况进行分析。按照家庭收入情况,将家庭收入区分为高收入家庭和低收入家庭。研究发现,在线社会互动对低收入家庭的促进作用明显高于高收入家庭,特别是风险金融资产占比情况。用户与信息互动在高收入家庭中表现为更高可能性的金融市场参与情况,在低收入家庭中表现为更高可能性的风险金融资产占比情况。

综上所述,本章基于我国现实情况,从家庭所处的不同背景出发,对我国家庭按照区位异质性、城乡异质性、教育水平异质性及收入水平异质性四个方面,进行了分组回归分析,获得了我国居民家庭在线社会互动对家庭金融资产配置问题更全面的理解。

第七章　研究结论和政策建议

　　本章提供本书的主要研究结论,并对本书主要研究进行总结。具体而言,本书从在线社会互动角度出发,探讨数智化时代下,社会交互对家庭金融资产配置决策的影响。本章简要总结本书研究的主要发现,包括在线社会互动影响家庭金融资产配置结果、在线社会互动影响家庭金融市场参与的作用渠道,以及不同家庭的异质性影响结果。通过总结已有研究结论,本章从政府、金融机构和家庭三个层面,提出提高中国家庭金融资产配置的政策建议,梳理了当前研究的局限性,并为该领域未来研究奠定基础。

第一节　研究结论

　　随着我国数智化的不断深入与进步,人们的交互方式也发生了巨大变化。从已有文献来看,社会网络对家庭金融市场参与影响的研究集中在社会资本、信任和网络互动这些主题。典型的文献包括:Liang 和 Guo (2015)、Hong 等(2004)、Brown 和 Taylor(2010)、Georgarakos 和 Pasini (2011)、Liu 等(2014)、Balloch 等(2015)、Nyakurukwa 和 Seetharam (2024)等。在线社会互动对金融市场参与的确切影响尚未达成共识,其潜在机制有待进一步探索。因此,本书试图通过研究在线社会互动对我国家庭金融资产配置问题展开研究。

　　第一,社会网络影响家庭金融市场参与和资产配置的风险感知,通过社会网络,家庭可以分担风险,获取更多交流的乐趣,从而影响家庭的风险态度,进而影响市场参与和资产配置(Niu et al. ,2020a;Wu & Zhao,

2020)。第二,社交网络为家庭提供有效的知识与信息,降低了家庭参与金融市场的固定成本,从而提升家庭参与机会(Liang & Guo,2015;Liu et al.,2014)。通过深入探索在线社会互动对家庭金融资产配置的影响,本书对社会网络及其在塑造家庭金融市场参与决策中的作用做出了贡献。

基于2017年中国家庭金融调查数据,采用标准化、实证、定量和定性相结合的分析方法,本书对社会金融和家庭金融进行了截面数据的实证研究,特别强调了数智化时代,在线社会交互对家庭金融资产配置的影响。

本书将研究重点范围从传统的线下社会互动和金融资产配置扩展到线上社会互动及其对家庭金融资产配置的影响。具体而言,本书考察了现代互联网时代社会网络的信息共享渠道对家庭金融资产配置的影响。通过将分析扩展到在线社会互动,提供这些渠道在塑造家庭参与金融市场决策中的作用与见解。

首先,本书主要通过分析在线社会互动对家庭金融资产配置的影响,并依据第三阶段的"数智化",将在线社会互动分为用户与用户互动和用户与信息互动,研究在线社会互动对家庭金融资产配置的影响。通过对家庭风险金融市场参与,以及家庭对风险金融资产的持有程度,本书评估了家庭的金融资产配置。其次,为进一步探讨在线社会互动影响家庭金融资产配置的影响机制,本书从在线社会互动的内生互动效应——口碑效应及社会规范角度、在线社会互动的外生互动效应——情景效应角度,分别进行了实证研究。最后,为获得更为丰富的结论,本书从区位异质性、城乡异质性、教育水平异质性及收入水平异质性四个方面,对样本进行了分组分析。

本书的主要目的是研究数智化时代,在线社会网络对家庭金融资产配置的影响。通过对在线社会交互第三阶段"数智化"影响下的两条路径,即感知态度与信息获取。通过使用在线社会交互,传统的线下社会交互不再是人们交流互动的主要渠道。研究的主要结论如表7-1所示。

表 7-1　主要研究结论

基本结论	1. 在线社会互动可以显著提升家庭参与风险金融市场的可能性与风险金融市场参与深度。 2. 在线社会互动对家庭金融资产配置的积极影响大于线下社会互动。
进一步分析结论	1. 在线用户与用户互动能够显著提升家庭风险金融市场参与度，但存在省份差异。 2. 在线用户与用户互动对家庭风险金融资产占比影响不大，不如传统线下面对面互动。 3. 用户与信息互动能显著提升家庭风险金融市场参与，且其对家庭风险金融市场参与的影响大于在线社会互动的影响。 4. 用户与信息互动能显著正向影响家庭风险金融资产占比，其影响程度大于在线社会互动及线下面对面交互的影响。 5. 用户与用户互动对用户与信息互动具有积极显著的正向影响。在线社会互动受到用户与信息的直接影响及用户与用户的间接影响。
效应分析	1. 用户与信息互动存在内生互动效应——正向口碑效应机制，在线信息互动具有社会学习的乘数效应，区域金融资产参与水平越高，家庭参与风险金融市场的可能性越大，参与风险金融资产比例越高。用户与用户互动存在内生互动效应——负向口碑效应机制，在线用户互动具有社会学习的乘数效应，区域金融资产参与水平高，削弱了家庭更大的风险金融资产投入比例。 2. 用户与信息互动存在内生互动效应——社会规范机制，即在线社会互动具有同伴效应，区域经济水平越高，家庭参与风险金融市场的可能性越大。 3. 用户与信息互动存在外生互动效应——情景效应机制，即在线社会互动具有情景效应，区域数字金融发展水平越高，家庭参与风险金融市场的可能性越大。
异质性分析	1. 在线社会互动对中西部金融发展的促进作用明显高于东部地区，用户与用户互动对中西部地区风险金融资产占比的影响最大，用户与信息互动对东部地区风险金融市场参与情况的影响最大。 2. 在线社会互动对城市家庭的促进作用明显高于农村家庭，对农村家庭影响不大。用户与信息互动对城市家庭风险金融市场参与情况影响最大。 3. 在线社会互动对拥有大学及以上学历家庭的促进作用明显高于其他家庭，用户与用户互动仅影响大学及以上学历家庭风险金融资产占比情况，用户与信息互动对大学及以上学历家庭风险金融市场参与情况影响最大。 4. 在线社会互动对低收入家庭的促进作用明显高于高收入家庭，用户与用户互动仅影响低收入家庭风险金融市场参与情况，用户与信息互动在高收入家庭中表现为更高可能性的金融市场参与情况，在低收入家庭中表现为更高可能性的风险金融资产占比情况。

一、在线社会互动对家庭金融资产配置的影响

在线社会互动对家庭金融资产配置的研究结果如下:第一,在线社会互动与家庭金融资产配置呈显著正相关。随着在线社会互动的深入,越来越多的家庭选择持有金融资产,并丰富金融资产持有的种类。在线交互有利于家庭获得充足、优质的社会资源和风险市场相关信息,缓解流动性约束和信息不对称,增加风险偏好,减少投资决策错误,从而优化家庭金融资产配置。特别地,家庭在线社会互动增加1%,平均会增加家庭参与金融市场的概率4个百分点,增加家庭金融资产占比2.7个百分点。

第二,当将在线社会互动分解为用户与用户互动和用户与信息互动时,结果显示,用户与用户互动对家庭金融资产配置呈正相关,但相关性不显著。而对用户与信息互动而言,用户与信息互动可以显著提升家庭金融资产配置效率。其中,用户与信息互动每增加1%,平均会增加家庭参与金融市场的概率5.6个百分点,增加家庭金融资产占比4个百分点。

第三,用户与用户互动间接影响家庭金融资产配置,其效力相对低于线下社会互动。此外,家庭用户与信息互动直接影响家庭金融资产配置,其影响比线下社会互动更显著。用户与用户互动通过用户与信息互动间接影响家庭金融资产配置。

综上所述,研究结果有力地表明,在线社会互动与家庭金融资产配置呈显著正相关。随着网络社会交互的加深,家庭可以获得宝贵的社会资源和与市场相关的风险信息,从而增强财务决策,优化家庭金融资产配置决策。此外,研究发现用户与用户互动和用户与信息互动对家庭金融资产配置有不同的影响。用户与用户互动间接影响家庭金融资产配置,而用户与信息互动具有更为直接且强烈的影响。这些发现为寻求通过使用在线社交网络促进家庭金融资产配置的政策制定和金融产品供应提供了重要见解。通过了解不同类型的在线社会交互对金融决策的不同影响,政策制定者和金融机构可以设计有针对性的干预措施,以增加家庭对金融资产的配置,促进金融包容性。

二、在线社会互动影响家庭金融资产配置效应分析

本书通过社会网络内的信息分享渠道,探讨网络社会互动对家庭金

融资产配置的影响。与传统线下社会交互强调人与人之间的联系不同，在线社会互动主要关注用户如何通过技术达到互动，以及用户如何与技术信息互动。在线社会互动成为一种主要的用户与技术交互的模式，它促进了准确的信息处理，并展示情境交互、口碑和社会规范效应运行机制。

机制分析表明，情境互动机制、口碑机制和社会规范机制对在线社会互动和用户与用户互动的影响并不显著。然而，用户与信息的互动遵循情景效应、口碑效应和社会规范机制。这表明线上和线下的社会互动都可以通过信息共享渠道影响金融资产配置决策。此外，在更发达的数字金融地区，从事高度在线信息交流和同行学习的家庭更有可能参与金融市场。在金融市场参与率较高的省份，在线社会信息互动水平较高的家庭也表现出较高的参与率。这种模式同样反映在 GDP 水平更高的省份，在线信息互动水平较高的家庭更有可能参与金融市场。

首先，在更先进的数字金融领域，通过互联网进行在线信息交互的家庭比其他家庭增加3％参与金融市场的可能性。省域数字金融的发展使家庭更有可能在网上获得更多金融市场的相关信息。其次，口碑效应对在线用户与信息交互呈显著积极正向影响，通过互联网技术进行在线信息交互的家庭具有更高的信息交换水平，更愿意向同伴学习，他们参与金融市场的成本更低，因而更愿意参与金融市场。但是，在线用户与用户交互具有负向的口碑效应，在区域金融资产投资参与度更高的地区，用户之间的交互削弱了家庭更大金融资产投入的比例。主要原因可能在于用户参与金融市场获得的体验与投资收益并不令人满意。最后，社会规范机制强调个体希望选择与参考群体成员的平均水平相一致的金融行为。具体而言，区域生产总值指数越高，家庭参与金融市场的概率越大。因此，通过技术进行在线信息的有效共享，有助于高收入家庭的信息交换与个人交互，提高金融市场参与率。因此，通过影响机制层面的探索，本书旨在为提升中国家庭金融资产配置水平提供具体解决方案。

综上所述，本书强调在线社会互动在塑造国家金融市场参与决策、金融资产占比决策中的重要性。通过社会网络的信息共享渠道，家庭可以获取有价值的金融信息，建立社会关系，并通过情境互动、口碑效应和社会规范效应与信息互动、向同伴学习。

三、在线社会互动影响家庭金融资产配置异质性分析

本书致力于探讨在线社会互动对家庭风险金融资产配置的异质性影响,并通过全样本的分组分析进行研究。

第一,区位异质性分析将样本分为东部地区和中西部地区,探讨在线社会互动对这两个地区家庭风险金融资产配置的影响。研究结果表明,由于区域经济发展不均衡,中西部地区家庭的金融资产配置受到在线社会互动的促进作用明显高于东部地区。在中西部地区,用户与用户互动对风险金融资产占比影响最大,而用户与信息互动则对东部地区家庭的金融市场参与情况影响最大。

第二,本书针对城乡异质性的影响进行分析,将样本区分为城市家庭和农村家庭。研究发现,由于城乡间存在的金融差距,在线社会互动对城市家庭的促进作用明显高于农村家庭。在城市家庭中,用户与用户互动仅对风险金融市场参与情况产生影响,用户与信息互动对风险金融市场参与情况的影响最为显著,而在农村地区家庭中,则没有显著影响。

第三,从教育水平对在线社会互动影响家庭风险金融资产配置展开分析。根据家庭户主受教育水平,将样本分为大学及以上学历家庭和大学以下学历家庭。研究结果显示,在线社会互动对拥有大学及以上学历家庭的促进作用明显高于其他家庭,尤其是对风险金融市场参与情况的影响。在大学及以上学历家庭中,用户与用户互动仅对风险金融资产占比产生影响,而用户与信息互动对其风险金融市场参与情况的影响最为显著。

第四,本书从家庭收入水平的角度对在线社会互动影响家庭风险金融资产配置情况进行了分析。根据家庭收入情况,将家庭收入分为高收入家庭和低收入家庭。研究表明,在线社会互动对低收入家庭的促进作用明显高于高收入家庭,特别是对风险金融资产占比情况的影响。在高收入家庭中,用户与信息互动表现出更高的金融市场参与可能性,而在低收入家庭中,则表现出更高的风险金融资产占比可能性。

综上所述,研究从中国的实际情况出发,针对家庭所处的不同背景因素,对家庭区位异质性、城乡异质性、教育水平异质性及收入水平异质性

四个方面进行了分组回归分析，从而更全面地理解在线社会互动对家庭金融资产配置决策的影响。

<h1 style="text-align:center">第二节　政策建议</h1>

研究发现，在线社会互动会影响家庭金融资产配置决策。通过考察我国技术进步与经济社会发展的独有特征，本书为中国家庭金融市场参与之谜提供了新的见解，填补了当前社会金融和家庭金融领域的研究空白。具体而言，本书从社会网络角度考察现代中国技术发展中的独有特征，揭示影响中国家庭金融资产配置的关键驱动因素。研究根据中国的实际情况，特别是在社会金融背景下，分析中国家庭金融资产配置的重要性。基于这些发现，本节将为政府、金融机构和家庭提供一些政策建议和意见。

一、政府政策建议

研究强调政府在通过互联网信息传递渠道以促进家庭金融资产配置方面的重要作用。互联网已成为在线社会互动的重要工具，其对金融决策的影响不容忽视。研究强调了加强信息传输渠道的安全性和可靠性，以确保有效和高效的在线交互的必要性。对于政府而言，应优先制定和实施增强这些渠道功能和安全性的政策，以促进更多的金融普惠和金融资产配置。

此外，研究强调，政策制定者在设计促进家庭金融资产配置的干预措施时，需要考虑中国金融体系的独有特征。中国金融体系的特点是高度的国家控制和监管，这可能会影响家庭对金融风险的感知和金融资产配置的意愿。

（一）建设网络基础设施，提高居民上网率

首先，研究认为政策制定者应优先考虑不断优化互联网基础设施，加快家庭互联网普及率，促进普惠金融普及和刺激更多家庭积极参与金融资产配置活动。互联网已经成为家庭在线互动的基石，它对金融决策的影响不容忽视。因此，政策制定者必须把重点放在改善互联网基础设施

和提高居民互联网使用率上,以确保家庭能够可靠、高效地获取在线信息。

其次,研究还强调数字金融在克服农村和欠发达地区金融产品获取困难方面的重要性。数字金融通过提供新的、便利的金融供应,成为普惠金融的有力推动者,有效地促进了这些地区金融市场的参与广度与深度。

最后,政策制定者应推动网络和信息内容的数字化,减少信息不对称,降低交易成本和风险,弱化逆向选择问题。通过改善信息渠道的可及性和可靠性,政策制定者可以有效地消除阻碍家庭参与金融市场的障碍,从而为提高金融包容性铺平道路。

总之,研究为寻求促进金融普惠和金融市场参与的政策制定者提供了有价值的意见。研究提出的建议强调了优化互联网基础设施、推动数字金融、实施网络和信息内容数字化,从而促进更大范围的普惠金融并进一步鼓励居民参与金融市场。通过这些建议,政策制定者有望支持普惠金融,减少金融排斥,并鼓励家庭参与金融市场,提升金融市场参与深度。

(二)促进市场监管职能和健康发展

在促进普惠金融和鼓励更多金融市场参与方面,本书认为,可以充分发挥市场监管职能,促进市场规范和健康发展。在线社会互动为决策者提供海量信息,需要决策者自行判断信息是否准确、有效、可靠并含有对应价值,以实现准确、合乎逻辑的金融决策。因此,决策者必须采取措施缓解信息不对称,降低交易成本和风险,提高信息渠道的可靠性和透明度。

从政策制定者角度,必须加强市场的监管功能,保障网络互动过程中居民的信息和财产安全,确保网络信息安全。网络安全是国家安全的重要组成部分,是社会经济稳定运行的基础,与广大人民群众的切身利益息息相关。信息化已融入经济社会的方方面面,深刻改变着人们的生产方式和生活方式。因此,政策制定者必须将网络安全、数字安全、支付安全、交易安全作为网络在线互动的前提和保障。

综上所述,本书认为,可以充分发挥市场的监管功能,保障信息渠道的准确性和可靠性,优先考虑维护网络安全,统筹谋划,共同推进,从而有效地促进金融普惠,减少金融排斥,为家庭参与金融市场提供更和谐、稳定与安全的外部环境。

（三）科技发展带来信息交互进步

本书强调技术发展对在线社会互动的影响及其在促进普惠金融和金融市场参与方面的作用。本书认为，尽管互联网包含了决策所需的大量信息，但它不能完全取代传统的线下社会交互。互联网在经济和社会生活中发挥着越来越重要的作用，它的发展带来了技术融合、业务融合、数据融合。因而，尽管互联网人工智能的技术进步已经从线下转向线上，人们实现了跨阶段、跨区域、跨系统和跨部门的互动，然而，目前，线上社会互动还不能完全取代线下社会互动，因为人与人交互的面对面互动包含了更多的内容，能形成更为丰富的信息，传递更多方面的线索，超越线上文本、图片或视频信息交互的局限。本书强调全息图像和人工智能技术等技术进步对交互式信息的潜在影响。比如，使用短视频和动画可以引入更生动的互动色彩，从而影响人们的经济决策。

总之，本书强调技术发展对在线社会互动在促进金融市场参与方面的重要作用。因此，政策制定者必须紧跟技术进步及其对金融决策的潜在影响，从而提升家庭金融资产配置效率。

二、对金融机构的建议

本书强调互联网在简化信息交互、增加信息透明度、加快信息传播、丰富人们获取信息渠道等方面的重要意义。金融机构可以利用互联网的便捷功能，作为重要的信息传播渠道，引导家庭获得更多的市场资源。

互联网彻底改变了人们交流和获取信息的方式，并从根本上改变了决策的依据。金融机构应向家庭提供可靠和相关的信息，从而使他们能够就其金融投资活动作出知情的决定。通过利用互联网的功能，金融机构可以接触到更广泛的受众，包括偏远和欠发达地区的居民家庭，从而促进他们参与金融市场。

除了上述内容之外，值得注意的是，互联网拥有为家庭提供了更广泛金融产品和服务的固有能力，包括但不限于银行、保险和投资机会。因此，这种变革潜力不仅有望提高家庭的金融知识水平，还有望促进金融市场更积极地参与，增强居民家庭参与金融市场的信心。

互联网简化了信息互动机制，提高了信息透明度，加快了信息传播速度,丰富了人们整体接受信息的渠道。因此,对于金融机构来说,可以充分发挥互联网信息渠道的重要作用,引导家庭获取更多的市场资源。

(一)多样化金融产品和服务,满足不同家庭需求

本书强调金融机构提供多样化的金融产品和投资机会以满足不同家庭独特需求的重要性。金融机构可以利用大数据和云计算分析不同家庭群体的特点,拓展互联网经济在金融领域的长尾市场,从而提供更加个性化的金融产品。

金融机构可以为家庭提供广泛的金融产品和服务,包括定制投资机会、短期高流动性金融产品和其他创新金融产品。利用大数据和云计算,金融机构可以通过分析家庭的收入水平、风险承受能力、投资偏好等特征,对客户进行细分,提供个性化的投资建议。

因此,金融机构可以为不同背景家庭提供不同的产品与服务,以使金融机构的产品与服务更具有针对性,通过大数据和云计算等信息技术手段,帮助和分析家庭的特定需求,设计个性化投资建议,提升家庭金融资产配置。

(二)宣传理财知识,提高家庭理财素养

金融机构可以通过网络互动引导和宣传金融知识,从而提高居民金融素养,鼓励居民参与金融市场。金融机构可以利用互联网互动渠道进行理财教育,宣传特定的理财产品,帮助家庭养成良好的理财习惯。

为此,金融机构可以利用各种在线平台提供金融知识、投资策略和风险管理方面的教育内容,家庭通过学习,对其投资作出更明智的决定,以达到降低风险、提高金融认知、增加金融知识的目的。此外,金融机构可以根据家庭的风险承受能力和投资偏好提供个性化的投资建议,鼓励家庭参与金融市场。最后,金融机构可以利用互联网打破时间和空间的限制,为家庭提供足不出户即可获得金融教育和投资的机会。提高家庭金融知识水平,促进整体金融包容性,鼓励家庭参与金融市场。

综上所述,本书强调金融机构在提供金融教育、宣传金融产品,以及通过在线交互提高家庭金融素养方面的重要性。通过互联网,金融机构可以促进金融普惠,鼓励居民家庭参与金融市场,帮助居民家庭养成良好

的金融习惯。

三、对居民家庭的建议

随着信息技术的不断发展、基础通信设施和交互设施的快速变化,农村互联网普及率达到 58.8%,有 99.6% 的中国网民用手机上网。[①] 在此现实情况下,居民家庭可以利用互联网,积极寻求实用知识,提高沟通效率,实现投资回报最大化。

(一)提高家庭使用网络信息技术的能力

家庭可以通过自我学习,获得如何使用互联网技术的建议。这包括熟练使用电脑接口和手机终端,了解如何通过软件和应用获取理财产品建议,熟悉理财产品细节,最终成功完成交易。将技术融入金融产品交易消除了时间和空间障碍的限制,使交易更高效、更具成本效益和生产力。

因此,将技术整合到财务管理中可以为家庭提供许多好处,包括提高效率、节省成本和增加便利性。通过采用这些工具和服务,家庭可以更有效地适应他们的财务环境并实现他们的财务目标。

(二)提高家庭识别有用信息的能力

家庭同样可以通过互联网了解国内外发生的经济和政治事件。例如,利率、税收和通货膨胀的变化会显著影响投资决策,及时了解这些信息对于家庭作出明智的投资决策至关重要。

除了传统的信息来源,移动技术也使家庭更容易获得各种金融工具,进行具体金融分析。比如,投资者可以利用投资应用程序、财经新闻网站和在线投资课程等多种在线资源自行学习。总之,成功的投资行为需要持续不断地学习和获取知识。家庭必须仔细审查他们所依赖的信息内容和信息来源,随时了解全球经济和政治事件动向,并明智地利用技术作出最符合家庭未来发展的投资决策。

[①] 数据来源:https://article. xuexi. cn/articles/index. html? art_id=4442390423383940605 andt=1662008464575andshowmenu=falseandstudy_style_id=feeds_default-andsource=shareandshare_to=wx_singleanditem_id=4442390423383940605andref_read_id=7f30c836-bd0e-4311-a69f-08c0965c0818_1667568135000。

(三)改进现实条件下的在线交流

互联网提供了多种沟通渠道,包括社交媒体平台、聊天应用和视频会议工具。家庭可以利用这些工具与家人、朋友和同事沟通,尽管有时现实情况使他们不得不由于时间、地理位置等原因而在物理层面分开。

此外,社交媒体平台为建立友谊、交流信息和分享经验提供了途径。互联网的使用使家庭能够获得更多的信息和知识,例如金融市场动态、国际战争情况和最新政府法规等,从而有助于他们就自己的计划和安全做出知情决定。丰富家庭获取在线资源的渠道,掌握更多金融信息,如股票市场更新和投资策略等,帮助他们作出明智的金融决策,提升金融资产配置。

总体而言,互联网在连接家庭和信息共享互通方面发挥着至关重要的作用。通过利用各种沟通渠道和在线资源,家庭可以共同应对风险,减少不确定性,维护其社会和财务福祉。

本章小结

本章作为本书的总结章,依托数智化时代背景,对在线社会互动影响家庭金融资产配置决策的结论进行总结,同时从政府、金融机构和家庭三个层面,对如何提高中国家庭金融资产配置效率展开讨论。本章得出以下结论:

第一,在线社会互动对家庭金融资产配置具有显著正向的影响。其中,用户与用户互动间接影响家庭金融资产配置,而用户与信息互动直接影响家庭金融资产配置,其影响程度比线下社会互动更显著。

第二,在线社会互动关注用户如何通过技术达到互动,以及用户如何与技术信息互动。机制分析表明,情境互动机制、口碑机制和社会规范机制对在线社会互动和用户与信息互动影响显著。

第三,家庭区位异质性、城乡异质性、教育水平异质性及收入水平异质性显著影响了家庭用户与信息互动对金融资产配置的决策。

基于上述分析,本书认为,政府可以通过建设网络基础设施,提高居民上网率;促进市场监管职能,维护网络安全;优先发展科技,推动信息交互进步三个方面提升家庭金融资产参与程度。金融机构可以通过提供多样化金融产品和服务,满足不同家庭的需求;宣传理财知识,提高家庭理财素养;促进普惠金融,鼓励居民家庭参与金融市场,帮助家庭养成良好的金融习惯。对于居民家庭而言,可以提高使用网络信息技术的能力、提升识别有用信息的能力、改进现实条件下的在线交流,利用各种沟通渠道和在线资源提高对金融市场的参与程度。

参考文献

[1]白丹.西蒙有限理性决策思想研究[D].大连:大连海事大学,2017.

[2]陈曦明,黄伟.金融教育对家庭金融风险资产投资的影响效果研究[J].学习与探索,2020(12):145-153.

[3]陈学兵,刘一伟.乡村振兴背景下互联网使用对农户家庭收入的影响及机制分析[J].大连理工大学学报(社会科学版),2023,44(5):69-78.

[4]褚月,宋良荣.金融科技的应用对家庭金融投资决策的影响研究[J].中国物价,2022(9):99-102.

[5]崔顺伟,王婷婷.开放性人格特征对家庭金融参与的影响及作用机制——基于CFPS数据的实证分析[J].农村金融研究,2021(7):53-62.

[6]崔泽园,杨有振,胡中立.城乡居民家庭金融行为对收入差距的影响机制研究——基于CHFS的估计[J].经济问题,2021(7):62-69.

[7]董婧璇,臧旭恒,姚健.移动支付对居民家庭金融资产配置的影响[J].南开经济研究,2022(12):79-96.

[8]杜朝运,丁超.中国居民家庭金融资产配置:规模、结构与效率[M].成都:西南交通大学出版社,2017:8-9.

[9]段忠东.住房拥有对家庭金融资产配置影响研究——基于Heckman样本选择模型的实证分析[J].价格理论与实践,2021(3):100-104.

[10]段忠东,吴文慧.房价预期与城市家庭消费——基于CHFS数据的实证研究[J].上海金融,2023(8):3-17.

[11]方航,陈前恒.社会互动效应研究进展[J].经济学动态,2020(5):117-131.

[12]高彤瑶,顾宇新,张文数.金融素养、风险态度与家庭商业保险购买——基于中国家庭金融调查(CHFS)数据[J].现代商业,2022(31):125-128.

[13]郭利华,王倩,刘雨晴.数字普惠金融、城乡家庭金融资产配置与财产性收入[J].农村金融研究,2022(4):13-23.

[14]韩淑妍.受教育程度对于家庭风险性金融资产投资的影响[J].华北金融,2020(11):58-69.

[15]郝春锐,张迎春.主观幸福感对家庭金融资产配置的影响——基于CHFS数据的实证分析[J].青海金融,2022(4):51-57.

[16]何大安.行为经济人有限理性的实现程度[J].中国社会科学,2004(4):91-101,207-208.

[17]胡珺,高挺,常启国.中国家庭金融投资行为与居民主观幸福感——基于CGSS的微观经验证据[J].金融论坛,2019,24(9):46-57.

[18]华怡婷,石宝峰.互联网使用对农村家庭金融市场参与行为的影响[J].西北农林科技大学学报(社会科学版),2022,22(5):130-141.

[19]江永红,黎进东.互联网对家庭贫困的影响效应分析[J].安徽农业大学学报(社会科学版),2021,30(6):8-15.

[20]蒋长流,胡涛文.金融素养提高家庭收入了吗?[J].金融教育研究,2023,36(2):3-12.

[21]李萌,查思雨,宫未,贾云鹏.面向儿童学习的智能家居人机交互技术综述[J].计算机辅助设计与图形学学报,2023,35(2):248-261.

[22]李梦馨,易成.人机交互vs.人人交互:对交互对象的身份认知和双面论证策略在商务对话中的影响[J].信息资源管理学报,2023,13(3):140-153.

[23]李晓梅,刘志新.我国基金经理投资口碑效应研究[J].管理评论,2012,24(3):17-23.

[24]李勇,马志爽.风险偏好对家庭金融市场参与及金融资产配置的影响研究——基于CHFS的实证分析[J].铜陵学院学报,2019,18(2):35-43.

[25]梁常安.城乡差异视角下数字普惠金融的创业创新效应研究[D].哈

尔滨:东北农业大学,2023.

[26]林常青,涂钰珺.地区收入不平等如何影响家庭债务?——基于信贷
供求视角的经验证据[J].金融发展研究,2022(8):3-11.

[27]刘逢雨,赵宇亮,何富美.经济政策不确定性与家庭资产配置[J].金
融经济学研究,2019,34(4):98-109.

[28]刘雯.社会资本对家庭金融资产配置的影响研究[J].调研世界,2019
(8):55-60.

[29]刘颖,张高明,孙婉若.数字普惠金融对家庭风险金融资产配置影响
的差异性——基于地区与城乡视角[J].武汉金融,2022(1):33-41.

[30]刘永芳.有限理性的本质辨析与价值之争[J].心理学报,2022,54
(11):1293-1309.

[31]刘争,黄浩,邓秀月.教育会影响家庭参与风险金融市场吗——基于
CFPS调查数据的经验证据[J].宏观经济研究,2023(9):15-32,67.

[32]卢亚娟,殷君瑶.户主风险态度对家庭金融资产配置的影响研究
[J].现代经济探讨,2021(12):62-70.

[33]彭倩.金融教育、投资经验与投资者非理性行为研究[D].成都:西南
财经大学,2022.

[34]钱玥琳.数字普惠金融、家庭金融资产配置与区域差异性[J].上海商
业,2023(6):67-69.

[35]强国令,商城.互联网普及、家庭财富差距与共同富裕[J].经济与管
理评论,2022,38(4):51-62.

[36]乔蔚娜.区域金融发展的差异及风险探析[J].商展经济,2023(1):
145-147.

[37]人民资讯.数智化应用.[DB/OL].[2022-01-25]. https://baijiahao.
baidu.com/s? id=1722885780396153470 & wfr=spider & for=Pc.

[38]孙鲲鹏,肖星.互联网社交媒体、投资者之间交流与资本市场定价效
率[J].投资研究,2018,37(4):140-160.

[39]唐丹云,李洁,吴雨.金融素养对家庭财产性收入的影响——基于共
同富裕视角的研究[J].当代财经,2023(4):55-67.

[40]汪丽瑾.社会网络与中国家庭金融资产配置问题研究[D].厦门:厦

门大学,2018.

[41]王聪,田存志.股市参与、参与程度及其影响因素[J].经济研究,2012,47(10):97-107.

[42]王福丽.中介化的亲密:智能手机对当代城市家庭关系的影响与建构[D].昆明:云南大学,2023.

[43]王建新,丁亚楠.经济政策不确定性对市场定价效率影响研究——股票论坛应用下的互联网社交媒体调节作用[J].经济管理,2022,44(4):153-174.

[44]王茜."'经济人'假说"刍议[J].经济问题探索,2007(8):19-23.

[45]王巧,尹晓波.数字普惠金融能否有效促进碳减排?——基于阶段性效应与区域异质性视角[J].首都经济贸易大学学报,2022,24(6):3-13.

[46]王茹.社会互动对家庭金融资产配置的影响研究[D].石家庄:河北地质大学,2021.

[47]王宇,李海洋.管理学研究中的内生性问题及修正方法[J].管理学季刊,2017,2(3):20-47,170-171.

[48]魏下海,万江滔.人口性别结构与家庭资产选择:性别失衡的视角[J].经济评论,2020(5):152-164.

[49]吴卫星,王治政,吴锟.家庭金融研究综述——基于资产配置视角[J].科学决策,2015(4):69-94.

[50]吴远远,李婧.中国家庭财富水平对其资产配置的门限效应研究[J].上海经济研究,2019(3):48-64.

[51]肖忠意,赵鹏,周雅玲.主观幸福感与农户家庭金融资产选择的实证研究[J].中央财经大学学报,2018(2):38-52.

[52]邢大伟,管志豪.股票市场波动性、经济政策不确定性与居民家庭金融市场参与——基于CFPS面板数据的实证[J].新金融,2020(11):57-64.

[53]徐寿福,郑迎飞,罗雨杰.网络平台互动与股票异质性风险[J].财经研究,2022,48(10):153-168.

[54]许文彬,李沛文.社会互动对中国城镇家庭校外教育支出的影响研究——基于CFPS 2018截面数据[J].教育与经济,2022,38(6):56-65,76.

[55]杨芊芊.长寿风险、主观预期寿命与家庭资产配置[D].杭州:浙江大学,2019.

[56]易宪容,赵春明.行为金融学[M].北京:社会科学文献出版社,2004.

[57]于乐荣,张亮华,廖阳欣.普及互联网使用有助于缩小农村内部收入差距吗?——来自 CLDS 村级数据的经验证据[J].西部论坛,2023,33(4):1-16.

[58]余苹果.数字普惠金融对家庭金融行为影响研究[D].重庆:西南大学,2022.

[59]张传勇.基于"模型—实证—模拟"框架的家庭金融研究综述[J].金融评论,2014,6(2):102-109,126.

[60]张品茹.高管教育水平异质性与企业社会责任关系研究[J].中国劳动,2022(5):52-67.

[61]张永奇,单德朋.互联网使用对农户家庭金融投资的影响及作用机制——来自 CFPS 2018 的证据[J].新疆财经,2021(4):5-15.

[62]赵昱.基于情景效应的电商造节现象对消费者购买意愿的影响[D].北京:北京邮电大学,2019.

[63]周才云,邓阳.财富异质性对家庭金融资产配置的影响研究——基于 2015 年中国社会综合调查数据[J].技术经济,2021,40(11):155-164.

[64]周聪.家庭风险金融市场有限参与之谜评述[J].投资研究,2020,39(6):99-110.

[65]周广肃,梁琪.互联网使用、市场摩擦与家庭风险金融资产投资[J].金融研究,2018(1):84-101.

[66]周华东,赵文青,高玲玲,李艺.住房公积金制度的"幸福效应"——来自中国家庭金融调查(CHFS)的证据[J].投资研究,2022,41(10):4-18.

[67]周易,王晓亮,梁晨曦.投资者关注与定向增发定价效率——基于信息不对称与行为金融视角[J].会计之友,2023(17):91-99.

[68]朱孟佼.社会网络对家庭金融资产配置的影响研究[D].济南:山东财经大学,2021.

[69]庄新田,汪天棋. 金融素养对我国家庭养老规划的影响——基于中国家庭金融调查数据的分析[J]. 中国经济问题,2022(2):55-70.

[70]Aggarwal R, Gopal R, Gupta A, et al. Putting money where the mouths are: the relation between venture financing and electronic word-of-mouth[J]. Information systems research, 2012, 23(3-part-2): 976-992.

[71]Al-Awadhi A M, Dempsey M. Social norms and market outcomes: the effects of religious beliefs on stock markets[J]. Journal of international financial markets, institutions and money, 2017(50): 119-134.

[72]Albrecht C, Morales V, Baldwin J K, et al. Ezubao: a Chinese Ponzi scheme with a twist[J]. Journal of financial crime, 2017, 24 (2): 256-259.

[73]Ali F, Shafeeq N, Ali M. Limited stock investments in Pakistan [J]. International journal of business and management, 2012, 7 (4): 133.

[74]Allen F, Qian J, Qian M. Law, finance, and economic growth in China[J]. Journal of financial economics, 2005, 77(1): 57-116.

[75]Almenberg J, Dreber A. Gender, stock market participation and financial literacy[J]. Economics letters, 2015(137): 140-142.

[76]Ampudia M, Ehrmann M. Macroeconomic experiences and risk taking of euro area households[J]. European economic review, 2017 (91): 146-156.

[77]Anagol S, Balasubramaniam V, Ramadorai T. Learning from noise: evidence from India's IPO lotteries[J]. Journal of financial economics, 2021, 140(3): 965-986.

[78]Andreou P C, Anyfantaki S. Financial literacy and its influence on internet banking behavior [J]. European management journal, 2021, 39(5): 658-674.

[79]Antoniou C, Harris R D F, Zhang R. Ambiguity aversion and stock

market participation: an empirical analysis[J]. Journal of banking & finance, 2015(58): 57-70.

[80]Antweiler W, Frank M Z. Is all that talk just noise? The information content of internet stock message boards[J]. The journal of finance, 2004, 59(3): 1259-1294.

[81]Arrondel L, Calvo Pardo H F, Tas D. Subjective return expectations, information and stock market participation: evidence from France[R]. Discussion Papers in Economics and Econometrics, Economics Division University of Southampton, 2014:1-59.

[82]Awais M, Estes J. Antecedents of regret aversion bias of investors in the stock market of Pakistan (PSX) along with the scaleof development on regret aversion bias[J]. City university research journal, 2019, 9(4): 1-14.

[83]Babiĉ Rosario A, De Valck K, Sotgiu F. Conceptualizing the electronic word-of-mouth process: what we know and need to know about eWOM creation, exposure, and evaluation[J]. Journal of the academy of marketing science, 2020(48): 422-448.

[84]Badarinza C, Balasubramaniam V, Ramadorai T. The household finance landscape in emerging economies[J]. Annual review of financial economics, 2019(11): 109-129.

[85]Bailey M, Cao R, Kuchler T, et al. Social networks and housing markets[J]. NBER working paper (No. w22258), 2016 (May): 1-75.

[86]Balloch A, Nicolae A, Philip D. Stock market literacy, trust, and participation[J]. Review offinance, 2015, 19(5): 1925-1963.

[87]Banerjee A V. A simple model of herd behavior[J]. The quarterly journal of economics, 1992, 107(3): 797-817.

[88]Barberis N, Thaler R. A survey of behavioral finance[J]. Handbook of the economics of finance, 2003(1): 1053-1128.

[89]Bayer P, Mangum K, Roberts J W. Speculative fever: investor con-

tagion in the housing bubble[J]. American economic review, 2021, 111(2): 609-651.

[90]Becker G S. A note on restaurant pricing and other examples of social influences on price[J]. Journal of political economy, 1991, 99 (5): 1109-1116.

[91]Becker T A, Shabani R. Outstanding debt and the household portfolio[J]. The review of financial studies, 2010, 23(7): 2900-2934.

[92]Behrman J R, Mitchell O S, Soo C K, et al. How financial literacy affects household wealth accumulation[J]. American economic review, 2012, 102(3): 300-304.

[93]Benartzi S, Thaler R H. Myopic loss aversion and the equity premium puzzle[J]. The quarterly journal of economics, 1995, 110(1): 73-92.

[94]Ben-David I, Graham J R, Harvey C R. Managerial miscalibration [J]. The quarterly journal of economics, 2013, 128(4): 1547-1584.

[95]Benzoni L, Collin-Dufresne P, Goldstein R S. Portfolio choice over the life-cycle when the stock and labor markets are cointegrated[J]. The journal of finance, 2007, 62(5): 2123-2167.

[96]Berkelaar A B, Kouwenberg R, Post T. Optimal portfolio choice under loss aversion[J]. Review of economics and statistics, 2004, 86(4): 973-987.

[97]Bertaut C C. Stockholding behavior of US households: evidence from the 1983—1989 survey of consumer finances[J]. Review of economics and statistics, 1998, 80(2): 263-275.

[98]Beshears J, Choi J J, Laibson D, et al. The effect of providing peer information on retirement savings decisions[J]. The journal of finance, 2015, 70(3): 1161-1201.

[99]Beshears J, Choi J J, Laibson D, et al. Behavioral household finance[M]//Handbook of behavioral economics: applications and foundations 1. North-Holland:Elsevier, 2018: 177-276.

[100]Best S J, Krueger B S. Online interactions and social capital: distinguishing between new and existing ties[J]. Social science computer review, 2006, 24(4): 395-410.

[101]Bi S, Liu Z, Usman K. The influence of online information on investing decisions of reward-based crowdfunding[J]. Journal of business research, 2017(71): 10-18.

[102]Bikhchandani S, Hirshleifer D, Welch I. A theory of fads, fashion, custom, and cultural change as informational cascades[J]. Journal of political economy, 1992, 100(5): 992-1026.

[103]Blume L E, Brock W A, Durlauf S N, et al. Identification of social interactions[M]//Benhabib J, Bisin A, Jackson O M. Handbook of social economics. North-Holland: Elsevier, 2011: 853-964.

[104]Bogan V. Stock market participation and the internet[J]. Journal of financial and quantitative analysis, 2008, 43(1): 191-211.

[105]Bönte W, Filipiak U. Financial literacy, information flows, and caste affiliation: empirical evidence from India[J]. Journal of banking & finance, 2012, 36(12): 3399-3414.

[106]Bortfeld H. Computer-mediated communication: linguistic, social and cross-cultural perspectives [J]. Language, 1998, 74 (2): 420-421.

[107]Brenner L, Meyll T. Robo-advisors: a substitute for human financial advice? [J]. Journal of behavioral and experimental finance, 2020(25): 100275.

[108]Briggs J, Cesarini D, Lindqvist E, et al. Windfall gains and stock market participation[J]. Journal of financial economics, 2021, 139(1): 57-83.

[109]Brown J R, Ivković Z, Smith P A, et al. Neighbors matter: causal community effects and stock market participation[J]. The journal of finance, 2008, 63(3): 1509-1531.

[110]Brown S, Taylor K. Social interaction and stock market participa-

tion: evidence from British panel data[J]. IZA discussion paper, 2010(4886):1-26.

[111]Bursztyn L, Ederer F, Ferman B, et al. Understanding mechanisms underlying peer effects: evidence from a field experiment on financial decisions[J]. Econometrica, 2014, 82(4): 1273-1301.

[112]Cai J, Janvry A D, Sadoulet E. Social networks and the decision to insure[J]. American economic journal: applied economics, 2015, 7 (2): 81-108.

[113]Campbell J Y. Household finance[J]. The journal of finance, 2006, 61(4): 1553-1604.

[114]Cardak B A, Wilkins R. The determinants of household risky asset holdings: Australian evidence on background risk and other factors [J]. Journal of banking & finance, 2009, 33(5): 850-860.

[115]Carlson J R, Zmud R W. Channel expansion theory and the experiential nature of media richness perceptions[J]. Academy of management journal, 1999, 42(2): 153-170.

[116]Cervantes-Godoy D, Kimura S, Antón J. Small holder risk management in developing countries[M]. OECD food, agriculture and fisheries papers, No. 61. Paris: OECD Publishing, 2013:1-56.

[117]Changwony F K, Campbell K, Tabner I T. Social engagement and stock market participation[J]. Review offinance, 2015, 19(1): 317-366.

[118]Chaves A P, Gerosa M A. How should my chatbot interact? A survey on social characteristics in human-chatbot interaction design [J]. International journal of human-computer interaction, 2021, 37(8): 729-758.

[119]Chen H, Dai Y, Guo D. Financial literacy as a determinant of market participation: new evidence from China using IV-GMM[J]. International review of economics & finance, 2023(84): 611-623.

[120]Cheng Y F, Mutuc E B, Tsai F S, et al. Social capital and stock

market participation via technologies: the role of households' risk attitude and cognitive ability [J]. Sustainability, 2018, 10 (6): 1904.

[121]Chetty R, Sándor L, Szeidl A. The effect of housing on portfolio choice[J]. The journal of finance, 2017, 72(3): 1171-1212.

[122]Chu Z, Wang Z, Xiao J J, et al. Financial literacy, portfolio choice and financial well-being[J]. Social indicators research, 2017(132): 799-820.

[123]Chua A Y K, Pal A, Banerjee S. AI-enabled investment advice: will users buy it? [J]. Computers in human behavior, 2023(138): 107481.

[124]Chung J E. Peer influence of online comments in newspapers: applying social norms and the social identification model of deindividuation effects (SIDE)[J]. Social science computer review, 2019, 37(4): 551-567.

[125]Clark C, Vickers D, Aron S, et al. The transition to capitalism in america: a panel discussion[J]. The history teacher, 1994, 27(3): 263-288.

[126]Cocco J F. Portfolio choice in the presence of housing[J]. The review of financial studies, 2005, 18(2): 535-567.

[127]Cohen G. Artificial intelligence in trading the financial markets [J]. International journal of economics & business administration (IJEBA), 2022, 10(1): 101-110.

[128]Coibion O, Georgarakos D, Gorodnichenko Y, et al. The effect of macroeconomic uncertainty on household spending [J]. NBER working paper (No. w28625), 2021 (March): 1-75.

[129]Cole S A, Shastry G K. Smart money: the effect of education, cognitive ability, and financial literacy on financial market participation[M]. Boston: Harvard Business School, 2009:9-71.

[130]Connelly B L, Certo S T, Ireland R D, et al. Signaling theory: a

review and assessment[J]. Journal of management, 2011, 37(1): 39-67.

[131]Cooper R, Zhu G. House hold finance over the life-cycle: what does education contribute? [J]. Review of economic dynamics, 2016(20): 63-89.

[132]Cui W, Cho I. Household's happiness and financial market participation[J]. Global economic review, 2019, 48(4): 396-418.

[133]Culham J. Revisiting the concept of liquidity in liquidity preference [J]. Cambridge journal of economics, 2020, 44(3): 491-505.

[134]Cupák A, Fessler P, Hsu J W, et al. Confidence, financial literacy and investment in risky assets: evidence from the Survey of Consumer Finances[J]FEDS working paper No. 2020-4: 1-43.

[135]De Bondt W F M, Thaler R H. Financial decision-making in markets and firms: a behavioral perspective[J]. Handbooks in operations research and management science, 1995(9): 385-410.

[136]DeMarzo P M, Vayanos D, Zwiebel J. Persuasion bias, social influence, and unidimensional opinions[J]. The quarterly journal of economics, 2003, 118(3): 909-968.

[137]Dennis A R, Kinney S T. Testing media richness theory in the new media: the effects of cues, feedback, and task equivocality [J]. Information systems research, 1998, 9(3): 256-274.

[138]Dittrich D A V, Güth W, Maciejovsky B. Over confidence in investment decisions: an experimental approach[J]. The European journal of finance, 2005, 11(6): 471-491.

[139]Durlauf S N, Ioannides Y M. Social interactions[J]. Annual review of economics, 2010, 2(1): 451-478.

[140]D'Urso S C, Rains S A. Examining the scope of channel expansion: a test of channel expansion theory with new and traditional communication media[J]. Management communication quarterly, 2008, 21(4): 486-507.

[141]Edwards K D. Prospect theory: a literature review[J]. International review of financial analysis, 1996, 5(1): 19-38.

[142]Ekström M, Östman J. Information, interaction, and creative production: the effects of three forms of internet use on youth democratic engagement[J]. Communication research, 2015, 42(6): 796-818.

[143]Elliott W B, Grant S M, Hodge F D. Negative news and investor trust: the role of $ firm and # CEO Twitter use[J]. Journal of accounting research, 2018, 56(5): 1483-1519.

[144]Ellison G, Fudenberg D. Word-of-mouth communication and social learning[J]. The quarterly journal of economics, 1995, 110(1): 93-125.

[145]Ellsberg D. Risk, ambiguity, and the savage axioms[J]. The quarterly journal of economics, 1961, 75(4): 643-669.

[146]Engelbart D C, English W K. A research center for augmenting human intellect[C]//Proceedings of the December 9-11, 1968, fall joint computer conference, part I. New York: Thompson Book CO, 1968: 395-410.

[147]Engelbart D C. Augmenting human intellect: a conceptual framework[M]//Araya D, Marber P. Augmented education in the global age—artificial intelligence and the future of learning and work. London: Routledge, 2023: 13-29.

[148]Fagereng A, Gottlieb C, Guiso L. Asset market participation and portfolio choice over the life-cycle[J]. The journal of finance, 2017, 72(2): 705-750.

[149]Fan E, Zhao R. Health status and portfolio choice: causality or heterogeneity? [J]. Journal of banking & finance, 2009, 33(6): 1079-1088.

[150]Fang M, Li H, Wang Q. Risk tolerance and household wealth—evidence from Chinese households[J]. Economic modelling, 2021

(94): 885-895.

[151]Fernández-López S, Rey-Ares L, Vivel-Búa M. The role of internet in stock market participation: just a matter of habit? [J]. Information technology & people, 2018, 31(3): 869-885.

[152]Ferreira F G D C, Gandomi A H, Cardoso R T N. Artificial intelligence applied to stock market trading: a review[J]. IEEE access, 2021(9): 30898-30917.

[153]Fong J H, Koh B S K, Mitchell O S, et al. Financial literacy and financial decision-making at older ages[J]. Pacific-basin finance journal, 2021(65): 101481.

[154]Freeman L. The development of social network analysis[J]. A study in the sociology of science, 2004, 1(687): 159-167.

[155]Fulk J, Schmitz J, Steinfield C W. A social influence model of technology use[J]. Organizations and communication technology, 1990, 117(1): 140.

[156]Gali J. Keeping up with the Joneses: consumption externalities, portfolio choice, and asset prices[J]. Journal of money, credit and banking, 1994, 26(1): 1-8.

[157]Gao M, Meng J, Zhao L. Income and social communication: the demographics of stock market participation[J]. The world economy, 2019, 42(7): 2244-2277.

[158]Gao M. No pain, no gain? Household beliefs and stock market participation[J]. Economics letters, 2019(181): 81-84.

[159]Gardini A, Magi A. Stock market participation: new empirical evidence from italian households' behavior[J]. Giornale degli economisti e annali di economia, 2007,66(120): 93-114.

[160]Gazel S. The regret aversion as an investor bias[J]. International journal of business and management studies, 2015, 4(2): 419-424.

[161]Georgarakos D, Pasini G. Trust, sociability, and stock market participation[J]. Review of finance, 2011, 15(4): 693-725.

[162]Gershoff A D, Mukherjee A. Online social interaction[M/OL]//
Norton M I, Rucker D D, & Lamberton C(eds.). The Cambridge
handbook of consumer psychology. Cambridge: Cambridge Uni-
versity Press, 2015:476-503.

[163]Gomes F, Haliassos M, Ramadorai T. Household finance[J].
Journal of economic literature, 2021, 59(3): 919-1000.

[164]Gomes F, Michaelides A. Life-cycle asset allocation:a model with
borrowing constraints, uninsurable labor income risk and stock-
market participation costs[J/OL]. Uninsurable labor income risk
and stock-market participation costs, 2002(6), https://ssrn. com/
abstract=299388 or http://dx. doi. org/10. 2139/ssrn. 299388.

[165]Gómez J P. The impact of keeping up with theJoneses behavior on
asset prices and portfolio choice[J]. Finance research letters,
2007, 4(2): 95-103.

[166]Granovetter M. The impact of social structure on economic out-
comes[M]//The sociology of economic life. London: Routledge,
2018: 46-61.

[167]Grinblatt M, Keloharju M, Linnainmaa J. IQ and stock market
participation[J]. Thejournal of finance, 2011, 66(6): 2121-2164.

[168]Gu B, Konana P, Raghunathan R, Chen H M. Research note—the
allure of homophily in social media: evidence from investor respon-
ses on virtual communities[J]. Information systems research,
2014,25(3):604-617.

[169]Guidolin M, Liu H. Ambiguity aversion and under diversification
[J]. Journal of financial and quantitative analysis, 2016, 51(4):
1297-1323.

[170]Guiso L, Haliassos M, Jappelli T. Household stockholding in Eu-
rope: where do we stand and where do we go? [J]. Economic poli-
cy, 2003, 18(36): 123-170.

[171]Guiso L, Paiella M. Risk aversion, wealth, and background risk

[J]. Journal of the European economic association, 2008, 6(6): 1109-1150.

[172]Guiso L, Sapienza P, Zingales L. Trusting the stock market[J]. The journal of finance, 2008, 63(6): 2557-2600.

[173]Guiso L, Sodini P. Household finance: an emerging field[M]// Handbook of the economics of finance. Amsterdam: Elsevier, 2013(2): 1397-1532.

[174]Gunawardena C N. Social presence theory and implications for interaction and collaborative learning in computer conferences[J]. International journal of educational telecommunications, 1995, 1 (2): 147-166.

[175]Gunkel D J. Communication and artificial intelligence: opportunities and challenges for the 21st century[J]. Communication+1, 2012, 1(1): 1-25.

[176]Guzman A L, Lewis S C. Artificial intelligence and communication: a human-machine communication research agenda[J]. New media & society, 2020, 22(1): 70-86.

[177]Haliassos M, Bertaut C C. Why do so few hold stocks? [J]. The economic journal, 1995, 105(432): 1110-1129.

[178]Halko M L, Kaustia M, Alanko E. The gender effectin risky asset holdings[J]. Journal of economic behavior & organization, 2012, 83(1): 66-81.

[179]Hanspal T, Weber A, Wohlfart J. Exposure to the COVID-19 stock market crash and its effect on household expectations[J]. The review of economics and statistics, 2021, 103(5): 994-1010.

[180]Haque M Z, Qian A, Islam M S, et al. Hedonic vs. utilitarian value: influencing on social networking sites adoption of institutional investors[J]. International journal of business information systems, 2022, 41(4): 525-547.

[181]Harris M, Raviv A. Differences of opinion make a horse race[J].

The review of financial studies, 1993, 6(3): 473-506.

[182] He J, Li Q. Can online social interaction improve the digital finance participation of rural households? [J]. China agricultural economic review, 2020, 12(2): 295-313.

[183] He J, Li Q. Can online social interaction improve the digital finance participation of rural households? [J]. China agricultural economic review, 2020, 12(2): 295-313.

[184] He Z, Shi X, Lu X, et al. Home equity and household portfolio choice: evidence from China[J]. International review of economics & finance, 2019(60): 149-164.

[185] Hennig-Thurau T, Gwinner K P, Walsh G, et al. Electronic word-of-mouth via consumer-opinion platforms: what motivates consumers to articulate themselves on the internet? [J]. Journal of interactive marketing, 2004, 18(1): 38-52.

[186] Henrich J, Heine S J, Norenzayan A. The weirdest people in the world? [J]. Behavioral and brain sciences, 2010, 33(2-3): 61-83.

[187] Hermansson C, Jonsson S, Liu L. The medium is the message: learning channels, financial literacy, and stock market participation [J]. International review of financial analysis, 2022 (79): 101996.

[188] Hermansson C, Jonsson S. The impact of financial literacy and financial interest on risk tolerance[J]. Journal of behavioral and experimental finance, 2021(29): 100450.

[189] Hill J, Ford W R, Farreras I G. Real conversations with artificial intelligence: a comparison between human-human online conversations and human-chatbot conversations[J]. Computers in human behavior, 2015, 49(8): 245-250.

[190] Hiltz S R, Johnson K, Turoff M. Experiments in group decision making communication process and outcome in face-to-face versus computerized conferences[J]. Human communication research,

1986，13(2)：225-252.

[191]Hiltz S R, Turoff M. The network nation：human communication via computer[M]. Cambridge：Mit Press, 1993：7-39.

[192]Hirshleifer D. Investor psychology and asset pricing[J]. The journal of finance, 2001, 56(4)：1533-1597.

[193] Hodula M, Malovaná S, Frait J. Too much of a good thing? Households' macroeconomic conditions and credit dynamics[J]. German economic review, 2022, 23(4)：529-566.

[194]Hoffman D L, Novak T P. Marketing in hypermedia computer-mediated environments：conceptual foundations [J]. Journal of marketing, 1996, 60(3)：50-68.

[195]Hong H, Kubik J D, Stein J C. Social interaction and stock-market participation [J]. The journal of finance, 2004, 59 (1)：137-163.

[196]Hong H, Kubik J D, Stein J C. Thy neighbor's portfolio：word-of-mouth effects in the holdings and trades of money managers[J]. The journal of finance, 2005, 60(6)：2801-2824.

[197]Hu J, Jiang M, Zhang B. Social network, financial market participation and asset allocation：evidence from China[R]. Xi'an Jiaotong-Liverpool University, Research Institute for Economic Integration, 2015.

[198]Huang L, Pontell H N. Crime and crisis in China's P2P online lending market：a comparative analysis of fraud[J]. Crime, law and social change, 2023, 79(4)：369-393.

[199]Hurd M, Van Rooij M, Winter J. Stock market expectations of Dutch households[J]. Journal of applied econometrics, 2011, 26 (3)：416-436.

[200]Hvide H K, Östberg P. Social interaction at work[J]. Journal of financial economics, 2015, 117(3)：628-652.

[201]Hwang S, Satchell S E. How loss averse are investors in financial mar-

kets? [J]. Journal of banking & finance, 2010, 34(10): 2425-2438.

[202]Innayah E P, Ekowati V M, Supriyanto A S, et al. Electronic-word-of-mouth (e-wom) in social media as a predictor of investment intention in capital market[J]. Jurnal aplikasi manajemen, 2022, 20(4): 753-767.

[203]Ivković Z, Weisbenner S. Information diffusion effects in individual investors' common stock purchases:covet thy neighbors' investment choices[J]. The review of financial studies, 2007, 20(4): 1327-1357.

[204]Jaffe J F. Special information and insider trading[J]. The journal of business, 1974, 47(3): 410-428.

[205]Jain M, Kumar P, Kota R, et al. Evaluating and informing the design of chatbots[C]//Proceedings of the 2018 designing interactive systems conference, 2018: 895-906.

[206]Jegadeesh N, Titman S. Returns to buying winners and selling losers:implications for stock market efficiency[J]. The journal of finance, 1993, 48(1): 65-91.

[207]Jing W, Zhang X. Online social networks and corporate investment similarity [J]. Journal of corporate finance, 2021 (68): 101921.

[208]Johnson G J, BrunerII G C, Kumar A. Interactivity and its facets revisited: theory and empirical test[J]. Journal of advertising, 2006, 35(4): 35-52.

[209]Kahai S S, Cooper R B. Exploring the core concepts of media richness theory:the impact of cue multiplicity and feedback immediacy on decision quality[J]. Journal of management information systems, 2003, 20(1): 263-299.

[210]Kandel E, Pearson N D. Differential interpretation of public signals and trade in speculative markets[J]. Journal of political economy, 1995, 103(4): 831-872.

[211]Kaustia M, Knüpfer S. Peer performance and stock market entry [J]. Journal of financial economics, 2012, 104(2): 321-338.

[212]Kim Y J, Hollingshead A B. Onlinesocial influence: past, present, and future[J]. Annals of the international communication association, 2015, 39(1): 163-192.

[213]Korzenny F. Atheory of electronic propinquity: mediated communication in organizations[J]. Communication research, 1978, 5 (1): 3-24.

[214]Kuchler T, Stroebel J. Social finance[J]. Annual review of financial economics, 2021(13): 37-55.

[215]Lampe C A C, Ellison N, Steinfield C. A familiar face (book) profile elements as signals in an online social network[C]//Proceedings of the SIGCHI conference on human factors in computing systems, 2007: 435-444.

[216]Lattemann C, Stieglitz S. Online communities for customer relationship management on financial stock markets — a case study from a project at the Berlin stock exchange[J]. AMCIS 2007 proceedings, 2007(76). :1-11.

[217]Lee E J. Effects of visual representation on social influence in computer-mediated communication: experimental tests of the social identity model of deindividuation effects[J]. Human communication research, 2004, 30(2): 234-259.

[218]Lee K. Geopolitical risk and household stock market participation [J]. Finance research letters, 2023(51): 103328.

[219]Leippold M, Wang Q, Zhou W. Machine learning in the Chinese stock market[J]. Journal of financial economics, 2022, 145(2): 64-82.

[220]Li G. Information sharing and stock market participation: evidence from extended families[J]. Review of economics and statistics, 2014, 96(1): 151-160.

[221]Li L, Li Y, Wang X, et al. Structural holes and hedge fund re-

turncomovement: evidence from network-connected stock hedge funds in China [J]. Accounting & finance, 2020, 60 (3): 2811-2841.

[222]Li L, Luo D. Gender differences in stock market participation: evidence from Chinese households[J]. SSRN electronic journal, 2021 (16):1-30.

[223]Li Q, Brounen D, Li J, et al. Social interactions and Chinese households' participation in the risky financial market[J]. Finance research letters, 2022(49): 103142.

[224]Liang P, Guo S. Social interaction, internet access and stock market participation—an empirical study in China[J]. Journal of comparative economics, 2015, 43(4): 883-901.

[225]Lioui A. The asset allocation puzzle is still a puzzle[J]. Journal of economic dynamics and control, 2007, 31(4): 1185-1216.

[226]Liu Y J, Meng J J, You W, et al. Social communication, information aggregation, and new investor participation [J]. Quarterly journal of economics and management, 2022,1(1):113-136.

[227]Liu Y, Luan L, Wu W, et al. Can digital financial inclusion promote China's economic growth? [J]. International review of financial analysis, 2021(78): 101889.

[228]Liu Y, Shrum L J. What is interactivity and is it always such a good thing? Implications of definition, person, and situation for the influence of interactivity on advertising effectiveness[J]. Journal of advertising, 2002, 31(4): 53-64.

[229]Liu Y, Zhang M. Is household registration system responsible for the limited participation of stock market in China? [J]. Review of behavioral finance, 2021, 13(3): 332-350.

[230]Liu Z, Zhang T, Li W, et al. The neighborhood effects of provincial-level stock market participation in China[J]. Physica A: statistical mechanics and its applications, 2018(509): 459-468.

[231]Liu Z, Zhang T, Yang X. Social interaction and stock market participation: evidence from China[J]. Mathematical problems in engineering, 2014(1):906564.

[232]Lu X, Xiao J, Wu Y. Financial literacy and household asset allocation: evidence from micro-data in China[J]. Journal of consumer affairs, 2021, 55(4): 1464-1488.

[233]Lusardi A, Mitchell O S. The economic importance of financial literacy:theory and evidence[J]. American economic journal: journal of economic literature, 2014, 52(1): 5-44.

[234]Luttmer E F P. Group loyalty and the taste for redistribution[J]. Journal of political economy, 2001, 109(3): 500-528.

[235]Malmendier U, Nagel S. Depression babies:do macroeconomic experiences affect risk taking? [J]. The quarterly journal of economics, 2011, 126(1): 373-416.

[236]Mankiw N G, Zeldes S P. The consumption of stockholders and nonstockholders[J]. Journal of financial economics, 1991, 29(1): 97-112.

[237]Manrai R, Gupta K P. Investor's perceptions on artificial intelligence (AI) technology adoption in investment services in India[J]. Journal of financial services marketing, 2023, 28(1): 1-14.

[238]Manski C F. Economic analysis of social interactions[J]. Journal of economic perspectives, 2000, 14(3): 115-136.

[239]Manski C F. Identification of endogenous social effects:the reflection problem[J]. The review of economic studies, 1993, 60(3): 531-542.

[240]Marchionini G. Human-information interaction research and development[J]. Library & information science research, 2008, 30(3): 165-174.

[241]Markowitz H. The utility of wealth[J]. Journal of political economy, 1952, 60(2): 151-158.

[242]Mauricas Ž, Darškuvienê V, Mariniĉevaitê T. Stock market partic-ipation puzzle in emerging economies: the case of Lithuania[J]. Organizations and markets in emerging economies, 2017 (8): 225-243.

[243]Mehra R, Prescott E C. The equity premium:a puzzle[J]. Journal of monetary economics, 1985, 15(2): 145-161.

[244]Merton R C. Continuous-time finance[M]Rev. ed. Oxfovd:Basil Blackwell,1990.

[245]Milana C, Ashta A. Artificial intelligence techniques in finance and financial markets: a survey of the literature[J]. Strategic-change, 2021, 30(3): 189-209.

[246]Morana S, Gnewuch U, Jung D, et al. The effect of anthropomor-phism on investment decision-making with robo-advisor chatbots [C]// Proceedings of European Conference on Information Sys-tems(ECIS),Marrakech, Morocco, June 2020: 1-20.

[247]Morck R, Yeung B, Yu W. The information content of stock mar-kets: why do emerging markets have synchronous stock price movements? [J]. Journal of financial economics, 2000, 58(1-2): 215-260.

[248]Mou Y, Xu K. The media inequality: comparing the initial human-human and human-AI social interactions[J]. Computers in human behavior, 2017(72): 432-440.

[249]Nathanael A, Nainggolan Y A. The effect of interactive social media platforms on stock market participation during the Covid-19 pandemic in Indonesia:case study in the Java Island[J]. Interna-tional journal of business and technology management, 2022, 4 (3): 104-115.

[250]Neururer M, Schlögl S, Brinkschulte L, et al. Perceptions on au-thenticity in chat bots[J]. Multimodal technologies and interac-tion, 2018, 2(3): 60.

[251]Niu G, Wang Q, Li H, et al. Number of brothers, risk sharing, and stock market participation[J]. Journal of banking & finance, 2020a(113): 105757.

[252]Niu G, Zhou Y, Gan H. Financial literacy and retirement preparation in China [J]. Pacific-basin finance journal, 2020b (59): 101262.

[253]Novak P K, Amicis L D, Mozetič I. Impact investing market on Twitter: influential users and communities[J]. Applied network science, 2018(3): 1-20.

[254]Nyakurukwa K, Seetharam Y. Household stock market participation in South Africa: the role of financial literacy and social interactions[J]. Review of behavioral finance, 2022, 16(1): 186-201.

[255]Ouimet P, Tate G. Learning from coworkers:peer effects on individual investment decisions[J]. The journal of finance, 2020, 75 (1): 133-172.

[256]Park J H, Gu B, Leung A C M, et al. An investigation of information sharing and seeking behaviors in online investment communities[J]. Computers in human behavior, 2014(31): 1-12.

[257]Peijnenburg K. Life-cycle asset allocation with ambiguity aversion and learning [J]. Journal offinancial and quantitative analysis, 2018, 53(5): 1963-1994.

[258]Pikulina E, Renneboog L, Tobler P N. Over confidence and investment:an experimental approach[J]. Journal of corporate finance, 2017(43): 175-192.

[259]Pool V K, Stoffman N, Yonker S E. The people in your neighborhood:social interactions and mutual fund portfolios[J]. The journal of finance, 2015, 70(6): 2679-2732.

[260]Rantala V. How do investment ideas spread through social interaction? Evidence from a Ponzi scheme[J]. The journal of finance, 2019, 74(5): 2349-2389.

[261]Rao Y, Mei L, Zhu R. Happiness and stock-market participation: empirical evidence from China[J]. Journal of happiness studies, 2016, 17(1): 271-293.

[262]Reicher S D, Spears R, Postmes T. A social identity model of deindividuation phenomena[J]. European review of social psychology, 1995, 6(1): 161-198.

[263]Rieger M O, Wang M. Can ambiguity aversion solve the equity premium puzzle? Survey evidence from international data[J]. Finance research letters, 2012, 9(2): 63-72.

[264]Roth C, Settele S, Wohlfart J. Risk exposure and acquisition of macroeconomic information[J]. American economic review: insights, 2022, 4(1): 34-53.

[265]Sabherwal S, Sarkar S K, Zhang Y. Do internet stock message boards influence trading? Evidence from heavily discussed stocks with no fundamental news[J]. Journal of business finance & accounting,2011,38(9-10):1209-1237.

[266]Sassenberg K, Jonas K J. Attitude change and social influence on the net[J]. Oxford handbook of internet psychology. Oxford: Oxford University Press, 2007: 273-288.

[267]Shanmuganathan M. Behavioural finance in an era of artificial intelligence: longitudinal case study of robo-advisors in investment decisions[J]. Journal of behavioral and experimental finance, 2020 (27): 100297.

[268]Sharpe W F. Capital asset prices: a theory of market equilibrium under conditions of risk[J]. The journal of finance, 1964, 19(3): 425-442.

[269]Shi G F, Li M, Shen T T, et al. The impact of medical insurance on household stock market participation: evidence from China household finance survey[J]. Frontiers in public health, 2021(9): 710896.

[270]Shiller R J, Fischer S, Friedman B M. Stock prices and social dynamics[J]. Brookings papers on economic activity, 1984(2): 457-510.

[271]Simon H A. Administrative behavior[M]. New York: Simon and Schuster, 2013.

[272]Simon H A. Rational choice and the structure of the environment [J]. Psychological review, 1956, 63(2): 129.

[273]Singh T, Sikarwar G S. The influence of investor psychology on regret aversion[J]. Global journal of management and business research, 2015, 15(2):1-16.

[274]Sivaramakrishnan S, Srivastava M, Rastogi A. Attitudinal factors, financial literacy, and stock market participation[J]. International journal of bank marketing, 2017, 35(5): 818-841.

[275]Song J H, Hollenbeck C R, Zinkhan G M. The value of human warmth: social presence cues and computer-mediated communications[J]. Advances in consumer research, 2008(35): 793-794.

[276]Statman M. What is behavioral finance? [J]. Handbook of finance, 2008, 2(9): 79-84.

[277]Steele L G, Lynch S M. The pursuit of happiness in China: individualism, collectivism, and subjective well-being during China's economic and social transformation[J]. Social indicators research, 2013(114): 441-451.

[278]Steffes E M, Burgee L E. Social ties and online word of mouth[J]. Internet research, 2009, 19(1): 42-59.

[279] Stromer-Galley J. Interactivity-as-product and interactivity-as-process[J]. The information society, 2004, 20(5): 391-394.

[280]Su D, Fleisher B M. Risk, return and regulation in Chinese stock markets[J]. Journal of economics and business, 1998, 50(3): 239-256.

[281]Sui Y, Niu G. The urban-rural gap of Chinese household finance [J]. Emergingmarkets finance and trade, 2018, 54(2): 377-392.

[282]Sul H K, Dennis A R, Yuan L. Trading on twitter: using social media sentiment to predict stock returns[J]. Decision sciences, 2017, 48(3): 454-488.

[283]Sun H, Chen J, Fan M. Effect of live chat on traffic-to-sales conversion: evidence from an online marketplace[J]. Production and operations management, 2021, 30(5): 1201-1219.

[284]Szuprowicz B O. Interactive communications: new technologies and future directions[M]. Charleston: Computer Technology Research Corp., 1995.

[285]Thomas A, Spataro L. Financial literacy, human capital and stock market participation in Europe[J]. Journal offamily and economic issues, 2018(39): 532-550.

[286]Tobin J. Liquidity preference as behavior towards risk[J]. The review of economic studies, 1958, 25(2): 65-86.

[287]Tong C K, Yong P K. Guanxi bases, xinyong and Chinese business networks[M]//Chinese business: rethinking guanxi and trust in Chinese business networks. Singapore: Springer, 2014: 41-61.

[288]Tversky A, Kahneman D, Slovic P (eds.). Judgment under uncertainty: heuristics and biases[M]. Cambridge: Cambridge University Press, 1982: 3-20.

[289]Vahdat A, Alizadeh A, Quach S, et al. Would you like to shop via mobile app technology? The technology acceptance model, social factors and purchase intention[J]. Australasian marketing journal, 2021, 29(2): 187-197.

[290]Van Rooij M C J, Lusardi A, Alessie R J M. Financial literacy, retirement planning and household wealth[J]. The economic journal, 2012, 122(560): 449-478.

[291]Van Rooij M, Lusardi A, Alessie R. Financial literacy and stock market participation[J]. Journal of financial economics, 2011, 101(2): 449-472.

[292]Vinodhini G, Chandrasekaran R M. Sentiment analysis and opinion mining: a survey[J]. International journal, 2012, 2 (6): 282-292.

[293]Walther J B, Bazarova N N. Validation and application of electronic propinquity theory to computer-mediated communication in groups[J]. Communication research, 2008, 35(5): 622-645.

[294]Walther J B, Van Der Heide B, Ramirez Jr A, et al. Interpersonal and hyperpersonal dimensions of computer-mediated communication[M]//Sundar S S. (ed). The handbook of the psychology of communication technology. New York: John Wiley & Sons, Inc. , 2015: 1-22.

[295]Walther J B. Computer-mediated communication:impersonal, interpersonal, and hyperpersonal interaction[J]. Communication research, 1996, 23(1): 3-43.

[296]Walther J B. Social information processing theory impressions and relationship development online[M]//Baxter L A & Braithwaite D O(eds). Engaging theories in interpersonal communication: multiple perspectives. Thousand Oaks: Sage, 2015: 417-428.

[297]Walther J B. Theories of computer-mediated communication and interpersonal relations[J]. The handbook of interpersonal communication, 2011(4): 443-479.

[298]Walther J B. Social information processing theory (CMC) [M]//Berger C R, Roloff M E, Dillard J P, et al. (eds). The international encyclopedia of interpersonal communication. Malden: John Wiley & Sons, Inc. , 2015:1-13.

[299]Walther J B. Theories of computer-mediated communication and interpersonal relations[M]//The SEGE handbook of interpersonal communication. Thousand Oaks: Sage. , 2011: 443-479.

[300]Wan W. Prospect theory and investment decision behavior:a review[C]//2018 international conference on education technology

and social sciences. Etsocs: Francis Academic Press, 2018: 114-118.

[301]Wang J C, Chang C H. How online social ties and product-related risks influence purchase intentions: a Facebook experiment[J]. Electronic commerce research and applications, 2013, 12 (5): 337-346.

[302]Wang J, Zhang D, Wang Z. Digital finance, stock market participation and asset allocation of Chinese households[J]. Applied economics letters, 2023,30(14): 1-4.

[303]Wang Q, Yang Z. Industrial water pollution, water environment treatment, and health risks in China[J]. Environmental pollution, 2016(218): 358-365.

[304]Wang Y, Zhang Q, Li Q, et al. Role of social networks in building household livelihood resilience under payments for ecosystem services programs in a poor rural community in China[J]. Journal of rural studies, 2021(86): 208-225.

[305]Waqas Y, Hashmi S H, Nazir M I. Macroeconomic factors and foreign portfolio investment volatility: a case of South Asian countries[J]. Future business journal, 2015, 1(1-2): 65-74.

[306]Wenyan H, Gooi L M. Social support and household stock market participation[J]. Economics letters, 2023(233): 111408.

[307]West T, Worthington A C. Macroeconomic conditions and Australian financial risk attitudes, 2001—2010[J]. Journal offamily and economic issues, 2014(35): 263-277.

[308]Wilson W R, Peterson R A. Some limits on the potency of word-of-mouth information[J]. Advances in consumer research, 1989, 16(1): 23-30.

[309]Wu W, Zhao J. Economic policy uncertainty and household consumption:evidence from Chinese households[J]. Journal of Asian economics, 2022(79): 101436.

[310]Wu X, Zhao J. Risk sharing, siblings, and household equity investment: evidence from urban China[J]. Journal of population economics, 2020, 33(2): 461-482.

[311]Wuthisatian R, Guerrero F, Sundali J. Gain attraction in the presence of social interactions[J]. Review of behavioral finance, 2017, 9(2): 105-127.

[312]Yang Y, Zhang C, Yan Y. Does religious faith affect household financial market participation? Evidence from China[J]. Economic modelling, 2019(83): 42-50.

[313]Yue P, Korkmaz A G, Yin Z, et al. The rise of digital finance: financial inclusion or debt trap? [J]. Finance research letters, 2022 (47): 102604.

[314]Zhang J, Han T. Individualism and collectivism orientation and the correlates among Chinese college students[J]. Current psychology, 2023(42):3811-3821.

[315]Zhang W. Household risk aversion and portfolio choices[J]. Mathematics and financial economics, 2017(11): 369-381.

[316]Zhang Y, Jia Q, Chen C. Risk attitude, financial literacy and household consumption: evidence from stock market crash in China [J]. Economic modelling, 2021(94): 995-1006.

[317]Zhou J. Household stock market participation during the great financial crisis[J]. The quarterly review of economics and finance, 2020(75): 265-275.

[318]Zimmer Z, Kwong J. Family size and support of older adults in urban and rural China: current effects and future implications[J]. Demography, 2003, 40(1): 23-44.

[319]Zou J, Deng X. Financial literacy, housing value and household financial market participation: evidence from urban China[J]. China economic review, 2019(55): 52-66.